Traditionelle Chinesische Medizin

Hinweis

Alle in diesem Buch enthaltenen Angaben wurden von der Autorin nach bestem Wissen erstellt und von ihr und dem Verlag mit größtmöglicher Sorgfalt überprüft. Gleichwohl sind – wie wir im Sinne des Produkthaftungrechts betonen müssen – inhaltliche Fehler nicht vollständig auszuschließen. Daher erfolgen die Angaben etc. ohne jegliche Verpflichtung und Garantie des Verlages oder der Autorin. Beide Seiten übernehmen keinerlei Verantwortung und Haftung für etwaige inhaltliche Unstimmigkeiten. Die in diesem Buch enthaltenen Ratschläge ersetzen nicht die Untersuchung und Betreuung durch einen Arzt.
Vor Durchführung einer Selbstbehandlung sollte ein Arzt konsultiert werden, insbesondere wenn Sie an Gesundheitsbeschwerden leiden, regelmäßig Medikamente zu sich nehmen oder schwanger sind.

Autorin: Georgia Schwarz
Gesamtherstellung: Naumann & Göbel Verlagsgesellschaft mbH, Köln

ISBN 3-625-11251-5
www.naumann-goebel.de

Traditionelle Chinesische Medizin

Einführung in die fernöstliche Heilkunst

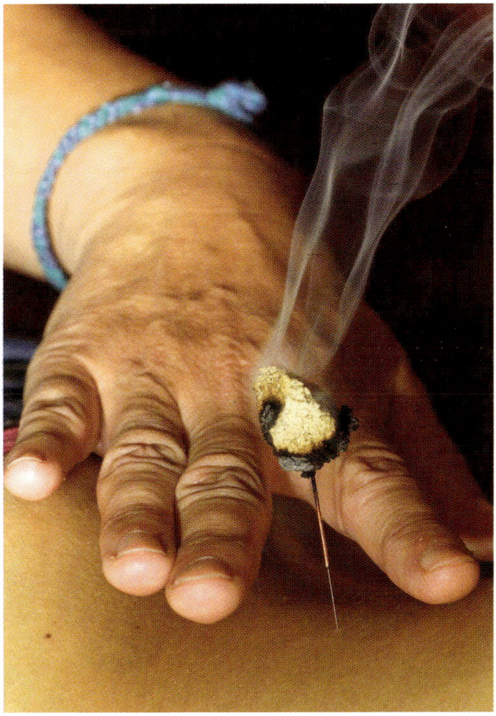

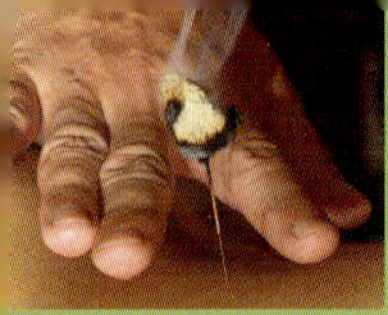

INHALT

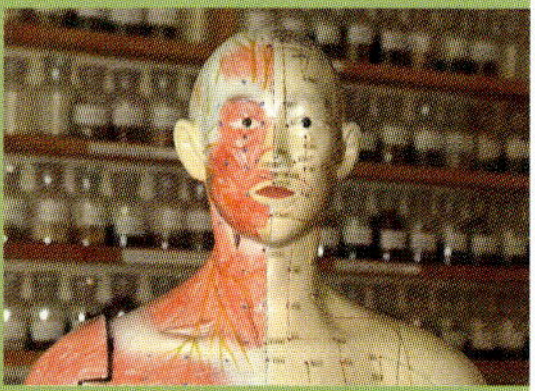

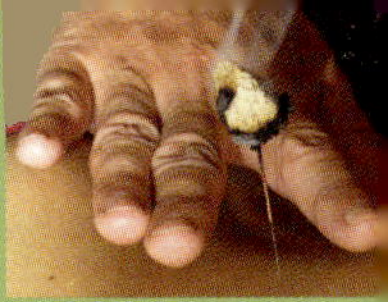

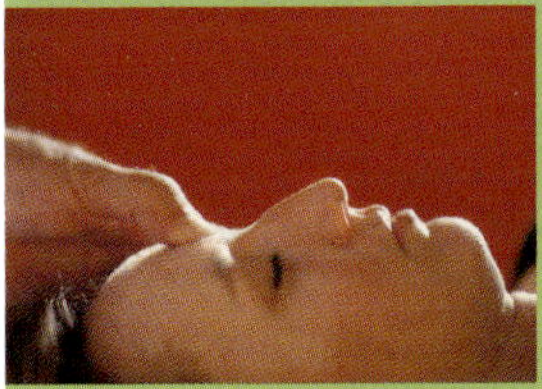

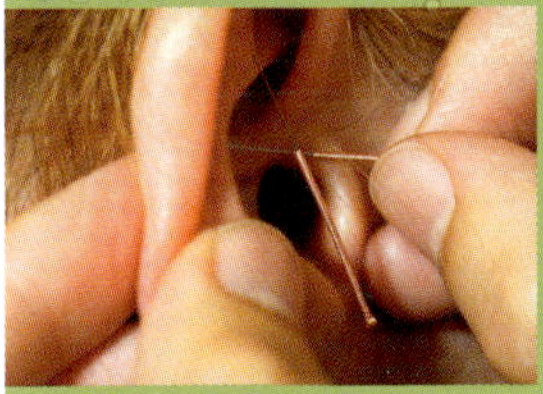

EINLEITUNG

Die vor mehr als fünftausend Jahren entstandene Traditionelle Chinesische Medizin (TCM) gilt als älteste und berühmteste ganzheitliche Heilkunst der Welt. Als Naturheilkunde findet sie in China gleichberechtigt mit der westlichen Medizin, der so genannten Schulmedizin, Anwendung. Die Auswahl der Heilsysteme erfolgt dort nach dem Zustandsbild der Erkrankung: Die TCM wird eher bei funktionell-vegetativen Beschwerden eingesetzt, also bei Erkrankungen, bei denen die Organfunktionen und das Nervensystem gestört sind. Die Schulmedizin wird eher bei organpathologischen Erkrankungen herangezogen, also bei Zerstörung der Struktur beziehungsweise des Gewebes.

Die TCM ist eine Therapie, die über gezielte Reize die Selbstheilungskräfte des Organismus stimuliert. Vor tausenden von Jahren galt es im alten China als ein Lebensrecht, seinen Körper

In einer chinesischen Apotheke wiegt eine Mitarbeiterin Kräuter ab. In der TCM werden bis zu 10 000 Kräutersorten eingesetzt.

durch eine gesunde und bewusste Lebensweise zu schützen. Schon früh erkannten die altchinesischen Heilkundigen, dass ein gesunder Geist eine Vorbedingung für einen gesunden Körper darstellt, da beide untrennbar miteinander verbunden sind.

Dieses Wissen ist dem Menschen in der hochtechnisierten Welt von heute nicht mehr präsent. Komplizierte Behandlungsweisen, die oft einseitig sind und zahlreiche Nebenwirkungen nach sich ziehen, sind Konsequenzen einer überspezialisierten westlichen Medizin. Die chinesische Naturheilkunde, die sich als eine ganzheitliche Medizin versteht, stellt hier eine sinnvolle Ergänzung zur westlichen Medizinauffassung dar, da sie bei der Diagnose und Behandlung den ganzen Körper betrachtet.

Das vorliegende Buch soll Ihnen dabei helfen, die Erkenntnisse dieser alternativen Naturmedizin für Ihre Gesundheit zu nutzen. Nach einer Einführung in die Grundlagen und die Denkweise der TCM erhalten Sie einfach umsetzbare Empfehlungen für eine gesunde Lebensweise und eine ausgewogene Ernährung, die auf jahrhundertealten Erkenntnissen beruhen.

Bei der Moxibustion wird Beifuß in Form eines Kegels oder direkt auf einer Akupunkturnadel verbrannt.

Neben der Akupunktur werden in der TCM Kräuter intensiv eingesetzt. Eine ausführliche Heilkräuterkunde zeigt, dass in der chinesischen Naturmedizin gegen fast jedes Leiden ein Kraut gewachsen ist. Hier werden natürlich nur solche Heilkräuter und Rezepturen berücksichtigt, die auch in unserem westlichen Kulturkreis ohne weiteres zu bekommen sind.

TCM – HEILKUNST MIT REICHER GESCHICHTE

Seinen Körper durch ein gesundes Leben zu schützen, ist eine der grundlegenden Lehren der chinesischen Medizin, die auch schon Konfuzius vor 2000 Jahren erkannt hat. „Du sollst nichts tun, was deinen Körper verletzen könnte, nicht einmal deinem Haar oder deiner Haut, denn du bekommst ihn von Vater und Mutter“, lautete eine seiner Grundregeln.

Der erste berühmte Arzt der chinesischen Antike war Bianque, der im 5. Jahrhundert vor unserer Zeitrechnung lebte. Er war

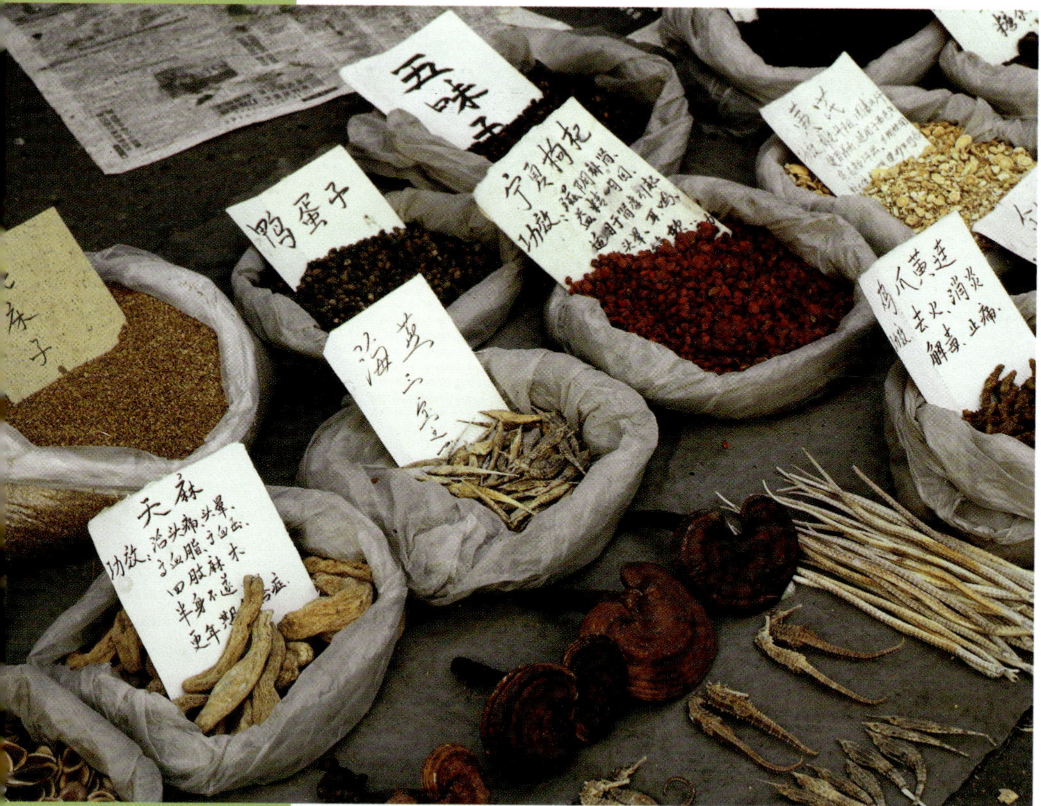

Verschiedene Naturheilmittel auf einem Marktstand in China

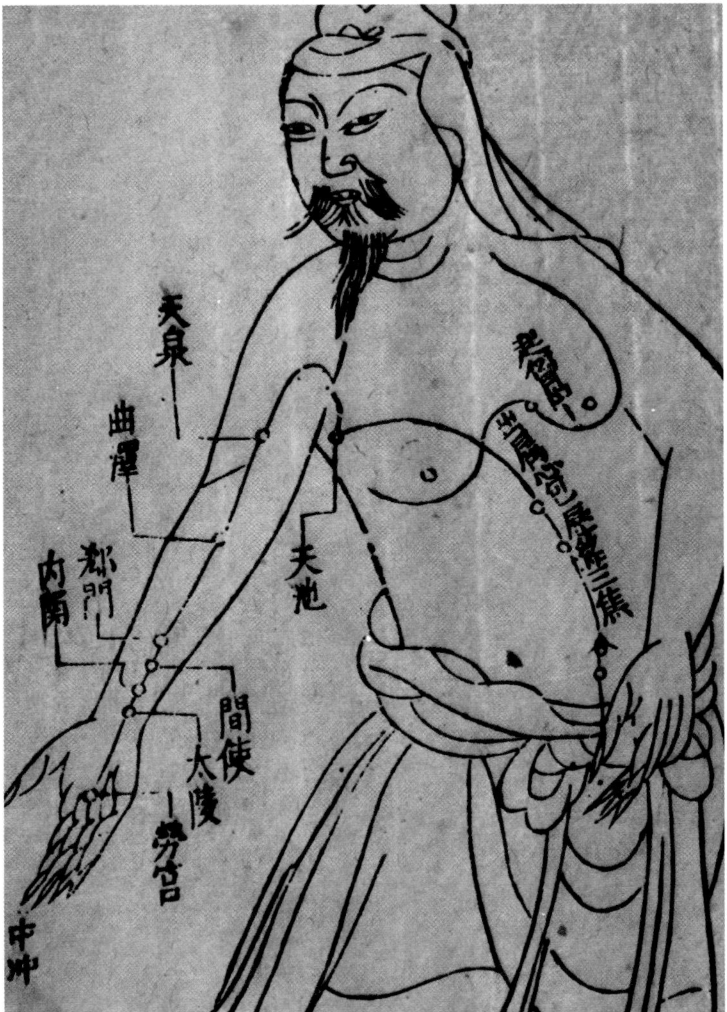

Schon zur Zeit der Ming-Dynastie (1368–1644) wurden die Methoden der Medizin angewendet, die auch heute noch Gültigkeit haben.

angeblich der Begründer der Akupunktur und der Pulsdiagnose. Außerdem gilt er als Erfinder verschiedener anderer Diagnosemethoden wie „Horchen auf den Atem“, der Untersuchung der Gesichtsfarbe und der Befragung des Patienten, die unserer heute üblichen Anamnese entspricht. Angeblich konnte er Menschen, die für tot gehalten wurden, wieder ins Leben zurückholen, was natürlich nicht wörtlich genommen werden darf.

TCM – HEILKUNST MIT REICHER GESCHICHTE

Ein chinesischer Arzt bei der Pulsdiagnose. Aus einem Sammelwerk über chinesische Medizin aus dem 17. Jahrhundert.

In die Traditionelle Chinesische Medizin fließen die verschiedenen altchinesischen philosophischen Lehren ein. Je nach Gewichtung, Interpretation beziehungsweise Übersetzung dieser Lehren haben sich im Laufe der Zeit verschiedene Schulen der chinesischen Medizin entwickelt. Damit wurde die Medizin aber auch immer unübersichtlicher. Liu Yuansu verringerte deshalb in der zweiten Hälfte des 7. Jahrhunderts die vorhandenen Verschreibungen – es waren über 16 000 – auf ungefähr 300. Außerdem klassifizierte er die verschiedenen Arten der Krankheiten in sechs unterschiedliche Kategorien, die sich aufgrund der fünf Elemente – Wasser, Feuer, Holz, Metall, Erde – unterscheiden. Durch diese Maßnahmen wurde die Traditionelle Chinesische Medizin erheblich vereinfacht.

Der Klassiker der chinesischen Pharmazeutik ist das *Bencao gangmu*, das „Verzeichnis der materia medica" von Li Shizhen. Er lebte von 1518 bis 1593. Das Werk umfasst die drei Kategorien Kräuter, Tiere und Mineralien, wiederum unterteilt in 16 Kapitel mit 62 Unterkapiteln. In diesem Buch findet man mehr als 1000 Abbildungen und über 10 000 Rezepte. Es wurde dreimal vollkommen überarbeitet und in viele Sprachen übersetzt. Auch heute noch wird es immer wieder neu aufgelegt.

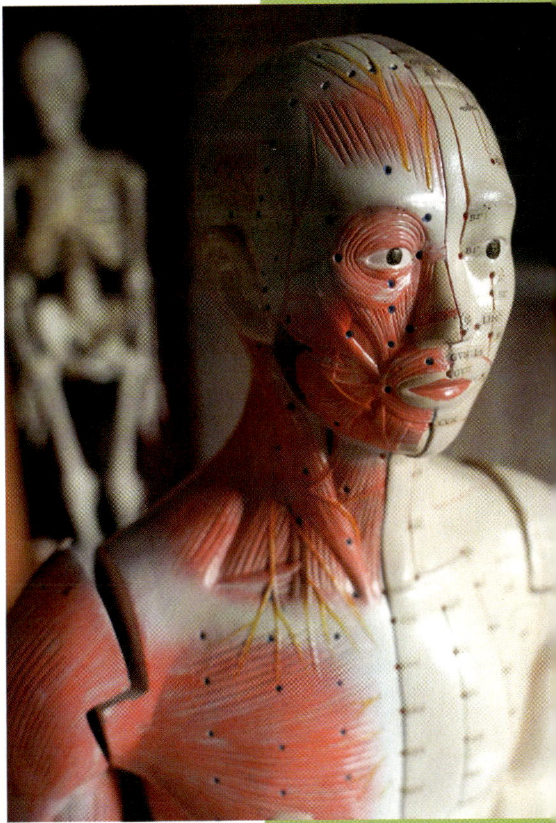

Im Laufe der Jahrtausende haben sich in der Traditionellen Chinesischen Medizin viele Behandlungsformen entwickelt, die entweder einzeln angewendet oder auch miteinander kombiniert werden. Dazu gehören beispielsweise die Akupressur, die Akupunktur, die Akupunkt-Massage, die Ernährungsberatung, die Harmonielehre und Einrichtungskunst Feng Shui, die Kräuterheilkunde, das Qi Gong (Meditation) und das Tai Chi (Bewegungs- und Atemtherapie).

Lange Jahre wurde die Traditionelle Chinesische Medizin als Aberglaube eingestuft, auch die einfach gehaltene Ganzkörperdiagnose und die Akupunkturtechnik wurden missverstanden und verurteilt, weil sie dem westlichen Standard nicht standhalten konnten. Sie entsprachen nicht unseren medizinischen Ansprüchen von Objektivität und Überprüfbarkeit. Doch mittlerweile haben europäische, darunter auch viele deutsche Ärzte nach anfänglicher Skepsis die gesundheitliche Wirkung traditioneller chinesischer Behandlungstechniken bestätigt.

Die Gesundheitstechniken der westlichen wie fernöstlichen Naturkeilkunde ergänzen die überspezialisierte Schulmedizin, von der sich der Patient oft unverstanden fühlt.

TCM und westliche Schulmedizin

Der Schulmedizin, womit hier die klassische westliche Medizin gemeint ist, liegt eine „deduktiv-analytische“, eben eine westliche Denkweise zugrunde: Im Falle einer Krankheit wird ein Einzelsymptom vom Allgemeinen abgeleitet, das heißt die Sichtweise konzentriert sich auf eine bestimmte Auffälligkeit, die – wenn sie in einen logischen Zusammenhang gebracht werden kann – aus Sicht der Schulmedizin die Ursache der Krankheit darstellt. Diese Sichtweise reduziert die Krankheit des Patienten in diesem Moment auf das bloße Symptom und führt letztendlich auch zu einer getrennten Betrachtung von Körper und Psyche. Nach westlicher Vorstellung funktioniert der Körper wie eine Maschine – folglich lässt sich eine Störung im System durch eine Reparatur beheben. Der französische Naturforscher René Descartes hat dies 1632 in seinem Buch „Über den Menschen“ beschrieben – auf ihn geht die Zweiteilung von Geist und Körper zurück. Dieses „mechanistische Welt- und Menschenbild“ ist seitdem in weiten Teilen immer noch die Grundlage der westlichen Schulmedizin.

Folgendes Beispiel soll die Sichtweise der Schulmedizin im Gegensatz zur TCM verdeutlichen: Ein Patient hat Rückenschmerzen. Die schulmedizinische Diagnostik stellt im bildgebenden Verfahren – zum Beispiel durch Röntgen – eine Veränderung der Bandscheibe fest. Als Ursache für die Rückenschmerzen wird ein körperlicher Verschleiß angenommen. Zur Reparatur dieser Störung wird möglicherweise eine Operation in Erwägung gezogen.

Der Traditionellen Chinesischen Medizin liegt eine andere Denkweise zugrunde: Sie arbeitet „induktiv-

synthetisch". Als Folge dieser Denkweise wird versucht, das übergeordnete, allgemein gültige Prinzip selbst im kleinsten Detail zu sehen und es damit in einen größeren ganzheitlichen Rahmen einzuordnen. Der Zusammenhang von Yin und Yang formt das fundamentalste Konzept der TCM: Krankheit bedeutet ein Ungleichgewicht von Yin und Yang. Durch so genannte innere oder äußere Einflüsse kann das Gleichgewicht von Yin und Yang beeinflusst werden. Körper und Psyche bilden aus Sicht der TCM eine Einheit. Im Falle einer Störung dieser Einheit wird eine Regulation mittels der Selbstheilungskräfte des Menschen angestrebt: Die Harmonie von Yin und Yang wird wiederhergestellt.

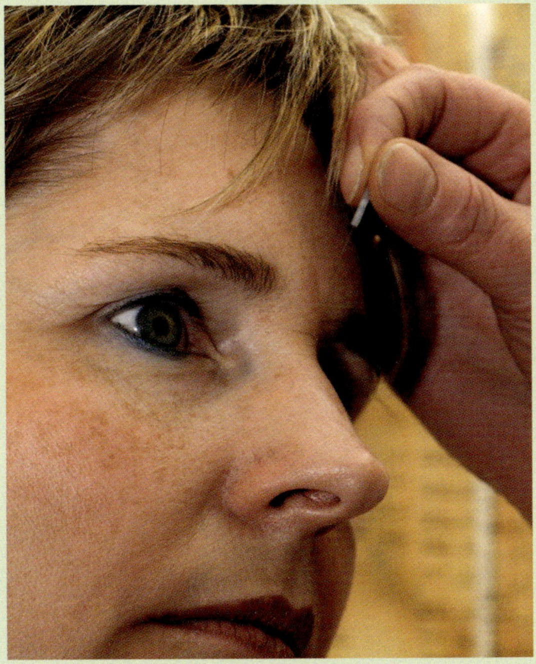

Das obige Beispiel der Rückenschmerzen stellt sich daher aus der Sicht eines TCM-Arztes wie folgt dar: Bei dem Patienten ist nach fernöstlicher Sicht der mechanische Zustand der Bandscheibe für die Diagnose unerheblich. Die Traditionelle Chinesische Medizin geht von einem „energetischen Welt- und Menschenbild" aus. Wichtig ist es zu erkunden, unter welchen Einflüssen der Patient in letzter Zeit gelebt hat. Standen zum Beispiel äußere klimatische Einflüsse wie Verkühlung oder innere Einflüsse wie Gefühle – bei Rückenschmerzen spielt existenzielle Angst eine Rolle – im Vordergrund, kann dies zu einer Schwächung der Rückenregion geführt haben. Der TCM-Arzt erstellt nun ein „Disharmoniemuster", unter anderem mithilfe der so genannten Puls- und Zungendiagnose. Die Therapie der TCM würde in diesem Fall Kälte ausleitende, Energiestau lösende und stärkende Maßnahmen beinhalten, um das Gleichgewicht des Patienten wiederherzustellen. Akupunktur, Akupressur oder eine Kräuterbehandlung als wichtige chinesische Heilmethoden sind in der Lage, solche regulierenden Wirkungen auszulösen.

DIE GRUNDLAGEN DER TCM

In über 2000 Jahren formte sich die chinesische Medizin, insbesondere durch die Auseinandersetzung mit den beiden Hauptströmungen des chinesischen philosophischen Denkens, dem Daoismus und dem Konfuzianismus, zu einem umfassenden System der Diagnostik mit diversen Therapieformen.

Die Vorstellung vom Dao – frei übersetzt „Urgrund des Seins" oder auch „unergründliche Naturgesetzlichkeit" – ist ein gedankliches Gemeingut sowohl des Daoismus als auch des Konfuzianismus.

Konfuzianismus – Ordnung durch tugendhaftes Verhalten

Der chinesische Philosoph Konfuzius (551–479 vor Christus) war der Begründer dieser rational geprägten Staats- und Sittenlehre, die als offizieller Staatskult in China vom 2. Jahrhundert vor Christus an bis ins Jahr 1912 ausgeübt wurde.

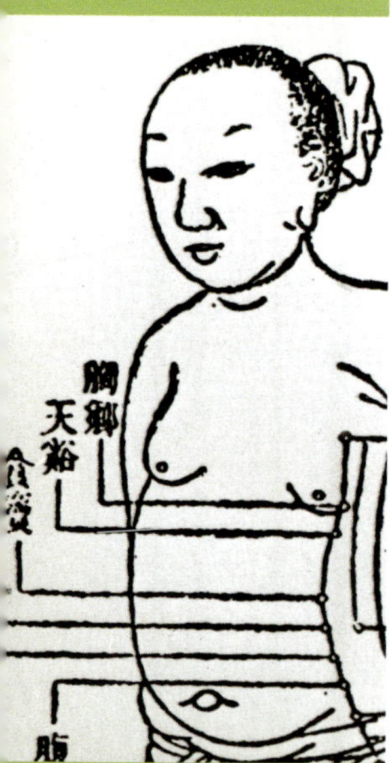

Die praktische Philosophie des Konfuzianismus war vor allem eine Familien- und Gesellschaftsethik zur Bewahrung der jahrtausendealten chinesischen Tradition. Zu dieser Ethik gehörte beispielsweise die Verehrung der Ahnen, die man dadurch zum Ausdruck brachte, dass man seinen unversehrten Körper nach dem Tod den Ahnen zum Geschenk machte. Aus diesem Grund war es undenkbar, Obduktionen an den Leichen zu verrichten. Dies ist auch der Grund dafür, dass sich die chinesische Auffassung bezüglich Anatomie und Physiologie deutlich von der westlichen unterscheidet. Die chinesischen Ärzte mussten ihr Verständnis von Krankheiten strikt von ihren Beobachtungen und Befunden am intakten lebenden Menschen ableiten. So hat sich im Laufe der Jahr-

hunderte in der Traditionellen Chinesischen Medizin eine Kunst des Beobachtens entwickelt, die ihresgleichen sucht und die noch verstärkt wird durch das für uns kaum vorstellbare Maß an Selbstdisziplin beim Beobachter.

Die ideale Voraussetzung für die Bewahrung der traditionellen Gesellschaftsethik sah Konfuzius in einer guten Charakterbildung. Von zentraler Bedeutung war für ihn die Mitmenschlichkeit. Daneben legte er Wert auf die Tugenden Ehrlichkeit, Treue, Maßhalten, Ehrfurcht und Weisheit. Die Tugend Mitgefühl ist in der goldenen Regel „Was du selbst nicht wünschest, das tue nicht anderen" verankert, die übrigens an den „Kategorischen Imperativ" des deutschen Philosophen Immanuel Kant erinnert.

Durch die Lehre des Konfuzius wurde darüber hinaus der Dämonenglaube zurückgedrängt. Die Vorstellung vom „schlechten Wind und den bösen Geistern" wurde abgelöst von dem Konzept des Qi, der Lebensenergie. Dieses Konzept zieht sich wie ein roter Faden durch die verschiedenen Ansätze der Traditionellen Chinesischen Medizin.

Der 478 v. Chr. erbaute Tempel des Konfuzius in Qufu in der chinesischen Provinz Shandong

Daoismus – Unsterblichkeit im Einklang mit Natur und Kosmos

Der chinesische Philosoph Laozi (Laotse), dessen Lebenszeit vermutlich in den Zeitraum zwischen 600 und 300 vor Christus fällt, gilt als Begründer und richtungsweisende Vertreter des Daoismus.

Als der Schüler auf der Suche nach der Wahrheit den Meister fragt: „Meister, was ist Dao?", antwortet der Meister dem Schüler: „Gehe deinen Weg!"

In seinem weltweit vorliegenden Werk „Dao-de-jing" (Tao-te-king), was so viel wie „Das Buch vom Weg und der Kraft" oder „Das Buch vom Weg und der Tugend" bedeutet, schrieb er die Essenz dieser chinesischen Naturphilosophie nieder.

„Dao", manchmal auch mit „Weg" übersetzt, ist ein allumfassender Begriff für die große Harmonie, die den Menschen in die Ordnung von Natur, Kosmos und Universum stellt.

Während die Konfuzianer ein Leben anstrebten, das von moralisch korrektem Verhalten diktiert wird, war es für die Daoisten wichtig, sich auf einer spirituellen Ebene weiterzuentwickeln. War Konfuzius handlungsorientiert und auf ein gesellschaftliches Leben ausgerichtet, so lehrte Laozi, dass der Mensch sein persönliches Gleichgewicht nur dann finden könne, wenn er sich in einem Akt des Nicht-Tuns (chinesisch „Wu-wei") der höheren Ordnung unterwerfe. Seiner Auffassung nach sollte der Mensch nicht in den Lauf der Dinge eingreifen, sondern vielmehr versuchen, sich diesem anzupassen und im Fluss mit dem Tao zu leben. Erklärtes Ziel der Daoisten ist es also, ein Leben im Einklang mit der Natur und dem Kosmos zu führen.

Die ältesten Zeugnisse der TCM

Das Yijing (I Ging)

易经

Das Yijing, was ins Deutsche übersetzt so viel wie „Der Klassiker der Wandlungen" bedeutet, ist eines der ältesten Bücher, wenn nicht das älteste Buch der Welt. Wahrscheinlich sind die Texte über Ethik und Metaphysik – so ist auch hier erstmalig von Yin und Yang die Rede – zwischen 1100 und 400 vor Christus als Handbuch einer Wahrsagerschule zusammengestellt worden.

Das Yijing wurde im Konfuzianismus als eines der „fünf klassischen Bücher" betrachtet und ist auch heute noch allen Gelehrten in China bekannt. Bis heute beruht das Yijing für die Chinesen auf göttlichen Prinzipien. Es beinhaltet die Gesetze der Wandlung von Dingen und Ereignissen und folgt dem grundlegenden Glauben, dass sich die Natur und das Leben in einem Kreislauf von Wachstum und Verfall befinden.

Von allen chinesischen Klassikern fand das Yijing zudem die wohl weiteste Verbreitung als westliche Übersetzung.

Das Dao-de-jing

Im Dao-de-jing (Tao-te-king) hat der chinesische Philosoph Laozi ungefähr im 6. bis 3. Jahrhundert vor Christus seine Gedanken zusammengefasst. Laozi stellt sich darin gegen das unbarmherzige Streben nach Befriedigung materieller Wünsche und rät dazu, ein spirituelles Leben zu führen.

Die Verehrung von daoistischen Gottheiten vollzieht sich in den Tempeln meist durch stille Meditation oder durch Darbringung von Opfern.

Das „Dao" ist der Weg des Lebens, und es bedeutet, natürlich, nachgiebig, selbstlos, richtig und rein zu leben: „Wenn der Mensch richtig isst, ist er wohlgenährt; wenn er trainiert, wird er stark; wenn er sich an das Dao hält, wird er tugendhaft." Moralische Kraft entsteht durch ein natürliches Leben, während Dinge von selbst geschehen.

Das Huangdi-neijing

Das Huangdi-neijing – „Das Buch des Gelben Kaisers" oder „Des Gelben Kaisers Klassiker der Medizin" – entstand im 2. Jahrhundert vor Christus. Es gilt als ältestes erhaltenes Lehrbuch der Medizin sowie als „Bibel" der Traditionellen Chinesischen Medizin und wird kurz „Neijing" genannt.

Dieses Lehrbuch der entsprechungssystematischen Medizin, die im assoziativen Sinne viele einander entsprechende Symbole zu einem logischen Ganzen zusammenfügt, gibt Gespräche zwischen dem Gelben Kaiser „Huangdi" und seinem Minister und Hofarzt „Qi Bo" über die tiefsten Gründe der Natur, die Ursachen von Leben und Tod und von Krankheit und Gesundheit wieder. Im Neijing sind die theoretischen Grundlagen und praktischen Verfahren der Traditionellen Chinesischen Medizin auf exemplarische Weise zusammengestellt. So bietet das Buch bereits eine systematische Darstellung der wichtigsten Akupunkturpunkte.

Jeder Mediziner, der sich mit TCM beschäftigt, erkennt das Huangdi-neijing als grundlegendes Werk an.

Die Essenz des Werkes ist in folgendem Zitat enthalten: „Gesundheit und Wohlbefinden könnt Ihr nur erlangen, wenn Euer Geist in der Mitte ruht, wenn Ihr Eure Energie nicht vergeudet und den Fluss von Qi und Blut konstant haltet, wenn Ihr Euch den jahreszeitlichen Veränderungen und den jährlichen makrokosmischen Einflüssen anpasst und vorbeugend Euer Selbst nährt."

Daraus ist auch der bekannte chinesische Lehrsatz entstanden: „Die Weisen behandeln nicht diejenigen, die bereits erkrankt sind, sondern diejenigen, die gesund sind".

Das Grundprinzip Yin und Yang

Die älteste Grundidee der chinesischen Philosophie, die ebenso in alle Bereiche der Wissenschaft und damit auch der Medizin einfließt, ist das Konzept von den zwei polaren Gegensätzen Yin und Yang. Symbolhaft werden Yin und Yang als zwei sich umklammernde Fische dargestellt, die nur zusammen ein Ganzes bilden. Yin und Yang entstehen aus dem Ganzen oder aus dem Nichts. Aus ihnen entwickeln sich alle Dinge des Universums.

Mit diesen beiden grundlegenden Begriffen werden in der chinesischen Philosophie die Beziehung alles Seienden zueinander – ob belebt oder unbelebt –, aber auch zum Universum sowie der andauernde Prozess der natürlichen Veränderung erklärt.

Yin und Yang sind symbolhafte Begriffe für die beiden polaren Energiezustände des gesamten Daseins.

Interessant ist hier die Betrachtung der chinesischen Schriftzeichen für Yin und Yang. Sie bestehen aus mehreren Zeichen. So setzt sich das Schriftzeichen für Yin aus einem Hügel, einer Wolke und mehreren Menschen, die sich unter einem einzigen Dach gruppieren, zusammen. Mit Yin sind Eigenschaften wie Kälte, Ruhe, Empfänglichkeit, Passivität, Dunkelheit, Abnahme, das Innere sowie die Richtungen „unten" und „abwärts" verbunden.

Im Schriftzeichen von Yang findet man dagegen die Zeichen für Hügel, für Sonne über dem Hori-

zont sowie für Lichtstrahlen und sich bewegende Energie. Folglich steht Yang für Eigenschaften wie Hitze, Bewegung, Aktivität, Vitalität, Licht, Zunahme und das Äußere sowie für die Richtungen „oben" und „aufwärts".

Yin und Yang sind nicht absolut, sondern nur in Relation zueinander zu verstehen. Jeder Gegenstand und jedes lebende Wesen, schlichtweg alles im Universum, besteht aus Yin und Yang, ist aber entweder mehr Yin oder mehr Yang – je nachdem, in welcher Relation man es sieht.

Auch der menschliche Körper lässt sich in Yin und Yang unterteilen: So ist beispielsweise die Rückseite Yang, die Vorderseite Yin, die obere Körperhälfte besitzt mehr Yang-Eigenschaften als die untere. Die außen am Körper befindlichen Teile wie Haut und Haare sind mehr Yang, die inneren Organe dagegen mehr Yin.

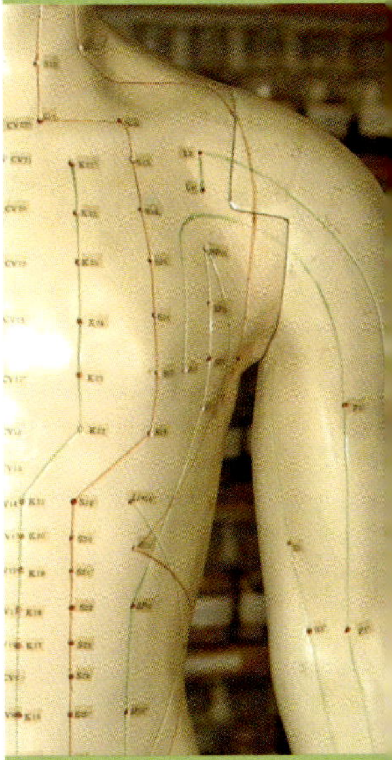

Entsprechend den Eigenschaften von Yin und Yang kann man auch die verschiedenen Krankheiten Yin und Yang zuordnen: Durch Yin gekennzeichnete Erkrankungen sind mit Schwäche, Passivität, Kälte und Rückzug verbunden. Dagegen zeichnen sich Yang-Krankheiten durch Aktivität, Hitze, Stärke und Erregung aus.

Jeder Yin- beziehungsweise Yang-Bereich eines jeden Lebewesens und eines jeden Gegenstandes und Zustandes lässt sich wiederum in verschiedene Yin- und Yang-Bezirke unterteilen. Dieser Prozess lässt sich immer weiterführen – sozusagen bis ins Unendliche. So kann man beispielsweise zwischen hell (Yang) und dunkel (Yin) unterscheiden. Der Bereich „dunkel" kann wiederum in sehr dunkel (Yin) und leicht dunkel (Yang) eingeteilt werden. Ebenso verhält es sich mit Krankheiten: eine Yang-Krankheit – charakterisiert durch Hitze und Überaktivität – kann gleichzeitig auch Yin-Aspekte wie zum Beispiel Gewichtsreduktion besitzen.

Streben nach Gleichgewicht

Gemäß einer der Grundüberzeugungen der östlichen Philosophie und Lebensanschauung streben alle Dinge hinsichtlich Yin und Yang nach einem Gleichgewicht. Doch nichts kann individuell in einem idealen Gleichgewicht sein, denn alles ist entweder mehr Yin oder mehr Yang.

Yin und Yang erscheinen als dynamische Paare von Gegensätzen. Durch Verbindungen mit der anderen Polarität befindet sich alles in einem ausbalancierenden Prozess. So ziehen Dinge, die mehr Yin sind, Yang an und umgekehrt. Man kann dies mit dem Plus- und Minuspol eines Magneten vergleichen.

Um die Beziehung zwischen Yin und Yang zu verstehen, muss man von der Grundvoraussetzung ausgehen, dass nichts nur Yin oder nur Yang sein kann. In allen Dingen – belebt und unbelebt – sind Yin und Yang gleichzeitig vorhanden. Nur zusammen ergeben sie das Ganze. So hat ein Mensch

Die Manifestationen von Yin und Yang

Yin ist dunkel	*Yang ist hell*
Yin ist grün, blau, schwarz, braun	*Yang ist rot, orange, gelb*
Yin ist still	*Yang ist bewegend*
Yin ist zusammenziehend	*Yang ist expansiv*
Yin ist eckig	*Yang ist rund*
Yin ist dünn	*Yang ist breit*
Yin ist langsam	*Yang ist schnell*
Yin ist passiv	*Yang ist aktiv*
Yin ist Erde	*Yang ist Himmel*
Yin ist Wasser	*Yang ist Berge*
Yin ist Mond	*Yang ist Sonne*
Yin ist Regen	*Yang ist Sonnenschein*
Yin ist ungerade Zahlen	*Yang ist gerade Zahlen*
Yin ist Winter	*Yang ist Sommer*
Yin ist Kälte	*Yang ist Wärme*
Yin ist Tiger	*Yang ist Drache*
Yin ist unten	*Yang ist oben*
Yin ist tief	*Yang ist hoch*
Yin ist abwärts	*Yang ist aufwärts*
Yin ist weich	*Yang ist fest*
Yin ist kalt	*Yang ist heiß*
Yin ist Frau	*Yang ist Mann*
Yin ist Boden	*Yang ist Spitze*
Yin ist sauer	*Yang ist süß*
Yin ist traurig	*Yang ist wütend*
Yin ist Schatten	*Yang ist Licht*
Yin ist Nacht	*Yang ist Tag*

nicht nur positive oder nur negative Eigenschaften, sondern man findet bei ihm sowohl gute als auch schlechte Seiten. In jeder schönen Situation ist immer ein kleiner Wermutstropfen enthalten. Jede noch so schöne Rose hat auch Dornen. Yin und Yang befinden sich in einem dauerhaften Prozess von Veränderung und Gleichgewicht. Dinge, in denen mehr Yin vorhanden ist, ziehen Yang an und umgekehrt. Ist ein Mensch mehr ein Yin-Typ, ist er also eher passiv und still, so kann er jedoch im Laufe seines Lebens sehr aktiv werden, sich also auch in Richtung Yang bewegen.

Die beiden Schriftzeichen für Yin (oben) und Yang (unten) repräsentieren das in der TCM und der gesamten chinesischen Philosopie wichtigste Grundprinzip der gegenseitigen Beziehung.

阴

阳

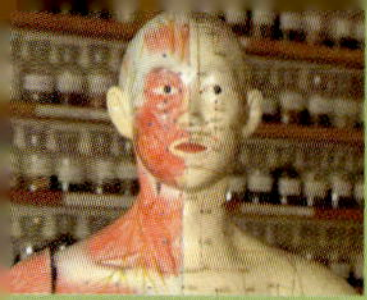

DIE FÜNF GRUNDSUBSTANZEN DES KÖRPERS

Unter den fünf Grundsubstanzen versteht man in der TCM die grundlegenden Yin- und Yang-Substanzen im Körper und ihre Beziehung zueinander. Im Gegensatz zur westlichen Medizin, in der die wissenschaftliche Basis – Chemie, Biochemie, Anatomie und Physiologie – hoch entwickelt ist, haben diese wissenschaftlichen Erkenntnisse in der TCM bei weitem nicht eine solch große Bedeutung. Hier sucht man die Ursache einer Erkrankung nicht, wie in der westlichen Medizin, auf zellulärer Ebene, sondern im Ungleichgewicht der verschiedenen Energien im Körper.

Yin und Yang bilden das Grundkonzept der chinesischen Philosophie und damit auch der chinesischen Medizin. Die fünf Grundsubstanzen Qi, Xue, Jing, Shen und Jin-ye verfeinern dieses Grundkonzept.

Qi (Lebensenergie)

Im Gegensatz zur westlichen Welt, wo die Materie im Mittelpunkt steht, spielten und spielen in der chinesischen Anschauungsweise die Energie und die Lebenskraft die entscheidende Rolle. Diese Anschauung lässt sich auch in der TCM erkennen: Im Mittelpunkt steht die Qi-Energie, die durch das Universum fließt und alles Belebte und Unbelebte miteinander verbindet. In der westlichen Terminologie gibt es kein Wort, das gleichbedeutend mit diesem Begriff ist. Oft findet man Qi übersetzt mit Atmosphäre, Stimmung, Energie, Lebensenergie, Lebenskraft oder Geist.

Qi strömt im menschlichen Körper, in Tieren, in Pflanzen, aber auch in Gebäuden. Es fließt nach außen, gelangt aber auch in den

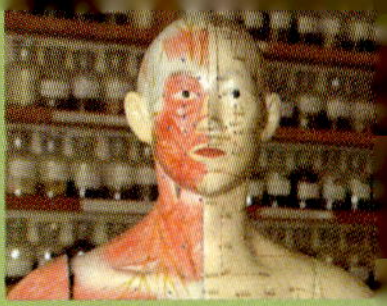

Körper hinein. Jeder Mensch, jedes Tier, jede Pflanze und jedes Gebäude hat ein persönliches, eigenes Qi, das sich immer mit dem Qi der Umgebung vermischt. So ist jeder von uns nicht nur mit seiner direkten Umgebung, sondern letztendlich mit dem gesamten Universum verbunden.

Der Fluss von Qi, das in uns hinein, aber auch aus uns herausströmt, entscheidet über unsere Stimmungen, über unsere Emotionen und damit auch über unsere psychische und physische Konstitution.

Qi ist die Lebensenergie, die in einem täglichen Rhythmus durch unseren Körper kreist und die Körperfunktionen im Fluss hält.

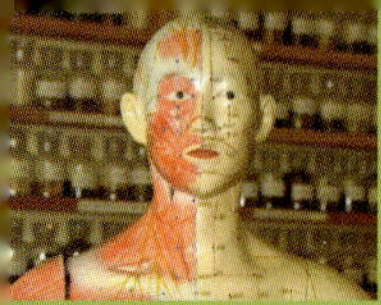

Das normale Qi (Zheng-Qi) stellt das ganze Qi des Körpers dar. Es wird aus drei Quellen generiert:

- Das Ursprungs-Qi (Yuan-Qi):
  Es wird bei der Empfängnis von den Eltern an das Kind weitergegeben und definiert zumindest zu einem großen Teil die physische Konstitution. Der Speicher für das Ursprungs-Qi befindet sich in den Nieren.
- Das Nahrungs-Qi (Gu-Qi):
  Es stammt aus der von uns aufgenommenen und verdauten Nahrung.
- Das Natürliche Luft-Qi (Gong-Qi):
  Dieses Qi entnehmen wir der eingeatmeten Luft.

Das Qi im menschlichen Körper wird durch Atmen und Essen genährt und versorgt sämtliche Organe mit Lebenssaft (Yin) und Lebenskraft (Yang). Hat ein Organ ein ausgewogenes Qi, funktioniert es optimal und ist gesund. Eine mögliche Qi-Schwäche ist meist die Folge unausgewogener Yin- und Yang-Kräfte, im Organ entsteht eine Über- beziehungsweise Unterfunktion.

Das aus diesen drei Qi-Formen gebildete normale Qi übt im Körper fünf Funktionen aus:

- Quelle der Bewegung im Körper: Hierzu zählen alle körperlichen und bewussten Aktionen wie Gehen, Laufen, Essen, alle automatischen Muskelbewegungen wie Atmen, Herzschlag, aber auch geistige Aktivitäten wie Denken, Träumen etc. Ebenso hängt die gesamte körperliche und geistige Entwicklung sowie das Wachstum vom Qi ab.
- Schutz des Körpers: Qi verhindert, dass krank machende Umwelteinflüsse in den Körper gelangen können.
- Umwandlung der Nahrung: Qi sorgt dafür, dass die von uns aufgenommene Nahrung im Körper in andere Substanzen wie Blut, Schweiß und Harn umgewandelt wird.
- Ordnung im Körper: Qi reguliert die Sekretion der Körperflüssigkeiten und ist dafür verantwortlich, dass sich die Organe nicht verschieben und das Blut nicht aus den Gefäßen austritt.
- Temperaturregelung: Die wärmende Funktion vom Qi sorgt für die richtige Körpertemperatur.

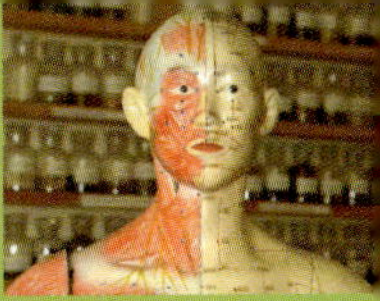

Die wichtigsten Qi-Arten in der TCM sind:

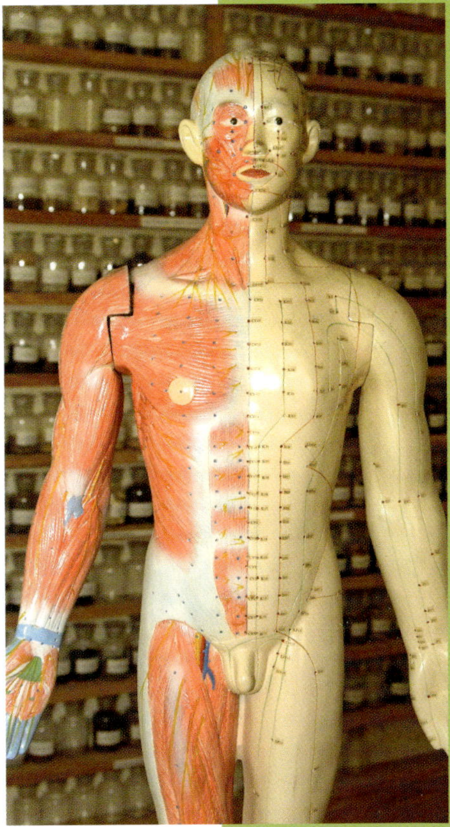

- Organ-Qi: Es bestimmt die wichtigsten Organfunktionen, seine Aktivität wird von dem ihm entsprechenden Organ definiert.
- Leitbahnen-Qi: Mit Leitbahnen, oft auch Meridiane genannt, bezeichnet man Kanäle oder Wege, auf denen das Qi im Körper fließt.
- Nahrungs-Qi: Dieses Qi bewegt sich mit dem Blut. Es wandelt die „gesunden" Bestandteile der Nahrung in Blut um.
- Abwehr-Qi: Dieses Qi verhindert das Eindringen schädlicher Einflüsse in den Körper.
- Atmungs-Qi: Dieses Qi befindet sich im Brustkorb und steuert Atmung und Herzschlag.

Qi kann durch viele Einflüsse gestört werden. Es entsteht dann ein Qi-Mangel, ein zusammengebrochenes Qi, ein stagnierendes Qi oder auch ein gegenläufiges Qi.

Xue (Blut)

Das chinesische Wort Xue entspricht nicht ganz dem westlichen Begriff Blut. Da in der chinesischen Medizin die Funktion wichtiger ist als die Lokalisation des Organs im Körper, ist nicht genau definiert, wo und auf welchen Bahnen sich das Blut bewegt. Wichtig ist, dass das Blut, eine Yin-Substanz, immer im Körper zirkuliert, ihn nährt und erhält sowie die verschiedenen Körperteile benetzt.

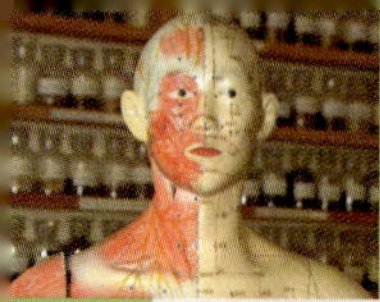

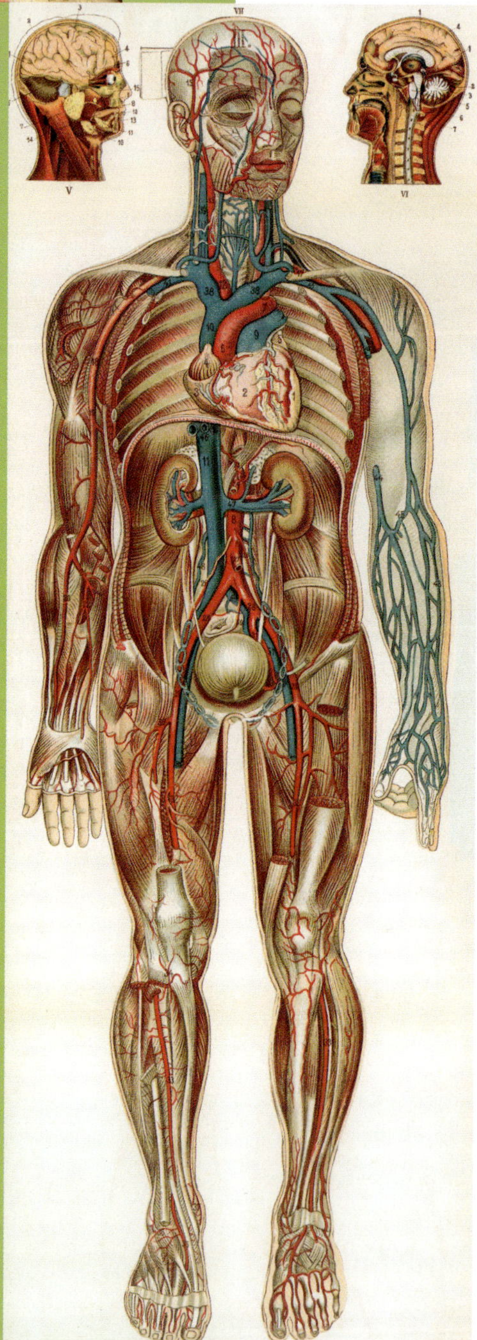

Wie bereits oben erwähnt, wird Blut durch die Umwandlung von Nahrungsbestandteilen gebildet: Die Milz filtert ein gereinigtes Konzentrat aus der Nahrung heraus, dieses wird durch das Milz-Qi zur Lunge transportiert. Auf diesem Weg wird es durch das Nahrungs-Qi in Blut verwandelt. In der Lunge vermischt es sich mit der „klaren“ Luft.

Zwischen Qi und Blut besteht eine wechselseitige Abhängigkeit, sie sind unlösbar miteinander verbunden. So erzeugt und bewegt Qi das Blut, das Blut wiederum nährt die Qi produzierenden Organe. Diese wechselseitige Beziehung verdeutlicht sehr anschaulich das Prinzip von Yin (Blut) und Yang (Qi).

Wie Qi, so kann auch das Blut in ein Ungleichgewicht geraten, was zu Blutmangel und gestautem Blut führt. Wird ein Organ oder auch der ganze Körper nicht ausreichend mit Blut versorgt, also unzureichend ernährt, äußert sich dies beispielsweise in Blässe oder trockener Haut, aber auch in einem schwindenden Selbstbewusstsein oder reduzierter Leistungsfähigkeit. Gestautes Blut entsteht durch eine Blockade, die verhindert, dass das Blut harmonisch fließen kann. Dieser Zustand ist durch Tumoren, Zysten und geschwollene Organe – meistens die Leber – gekennzeichnet.

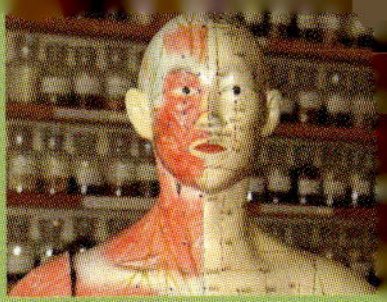

Jing (Essenz)

Mit Jing bezeichnet die TCM eine Substanz, auf der jedes organische Leben basiert. Aus ihr schöpft der Körper die Kraft, sich organisch zu verändern. Somit bildet Jing – es wird als flüssigkeitsähnliche Substanz dargestellt – die Grundlage für Reproduktion und Entwicklung. Wie und wie schnell sich ein Organismus von der Empfängnis bis zum Tod entwickelt, hängt von den Veränderungen des Jing ab.

Befindet sich das Jing im Ungleichgewicht, besteht also beispielsweise ein Jing-Mangel, so kann dies zu Sexualstörungen, Unfruchtbarkeit und vorzeitigem Altern führen. Auch die als angeborene Erkrankungen bezeichneten Störungen werden in der TCM mit einer Funktionsstörung des Jing in Zusammenhang gebracht.

Wie Xue und Qi, so hängen auch Jing und Qi voneinander ab, wobei Jing eine Yin- und Qi eine Yang-Manifestation darstellt.

Nach chinesischer Vorstellung besteht ein Organ nicht nur aus dem eigentlichen inneren Organ, zum Beispiel der Lunge oder dem Dickdarm, sondern es umschließt einen ganzen Funktionskreis mit vielen Entsprechungen. So stehen zum Beispiel die Lunge als Yin-Organ und der Dickdarm als Yang-Organ in Verbindung mit der Körperschicht – der Haut –, mit der Emotion Trauer, dem Klimafaktor Trockenheit und dem Element Metall.

Shen (Lebensgeist)

Shen ist die einzige Grundsubstanz, die allein zum Menschen gehört. Es verkörpert das menschliche Bewusstsein. Die Fähigkeit zu denken, Entscheidungen zu treffen etc., haben wir Shen zu verdanken. Ebenso wie Jing wird auch Shen von den Eltern bei der Zeugung mitgegeben und nach der Geburt kontinuierlich erweitert. Doch im Gegensatz zu unserem Wort Geist hat Shen auch einen materiellen Charakter. Shen spielt in der TCM nur in Verbindung mit dem Organismus eine Rolle und gehört genauso zum Körper wie die Organe. Aus diesem Grundverständnis des Shen wird deutlich, dass die uns vertraute Unterteilung in Körper und Geist in der chinesischen Medizin fehlt. Hier gehören Geist und Körper unauflösbar zusammen.

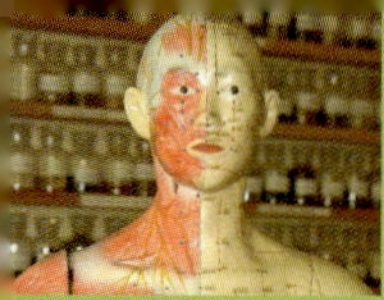

Wie die anderen Grundsubstanzen, so kann auch Shen aus dem Gleichgewicht geraten. Dies äußert sich etwa in Vergesslichkeit oder schlimmer in Irrationalität.

Jin-ye (Körpersäfte)

Alle im Körper fließenden Flüssigkeiten mit Ausnahme des Blutes – also Schweiß, Speichel, Verdauungssäfte und Harn – bilden die fünfte Grundsubstanz. Die chinesische Bezeichnung Jin steht für leichte und klare Flüssigkeiten, Ye steht für dickflüssige Säfte. Die Körpersäfte dienen der „Ernährung" von Haut, Haaren, Fleisch, Muskeln, Organen etc. Doch im Vergleich mit den vier anderen Grundsubstanzen kommt den Säften eine deutlich geringere Bedeutung zu.

Die Körpersäfte werden aus der zugeführten Nahrung entnommen, wobei vor allem das Qi der Niere die Flüssigkeiten absorbiert und steuert. Ein Ungleichgewicht der Körpersäfte, also ein Flüssigkeitsmangel, äußert sich durch trockene Haut und ausgetrocknete Schleimhäute.

Auch zwischen dem Qi und den Säften besteht eine Abhängigkeit. Die Säfte sind auf das Qi angewiesen, da das Qi die Flüssigkeiten absorbiert. Normales Qi wiederum kann nur dann im Gleichgewicht bleiben, wenn die Organe, die das Qi regulieren, von den Säften benetzt und genährt werden.

Da Flüssigkeiten in ständiger Bewegung sind, gehören sie zu den Yin-Substanzen.

DIE LEHRE VON DEN FÜNF ELEMENTEN

Im Wesentlichen stellen die Chinesen Beziehungen zwischen jeder Form von Erscheinungen durch Yin und Yang her. Im alten China verwendete man aber daneben noch ein anderes System zur Einteilung der Erscheinungen: das System der fünf Elemente. Hier sind Holz, Feuer, Erde, Metall und Wasser die Symbole, mit denen alle Vorgänge im Universum beschrieben werden.

Die Theorie der fünf Elemente beeinflusst nahezu das gesamte traditionelle chinesische Denken und damit natürlich auch die Medizin. Nach der östlichen Philosophie regelt die Wechselwirkung der fünf Elemente Erde, Holz, Feuer, Metall und Wasser den Ablauf der Naturerscheinungen. Bemerkenswert ist, dass diese Elemente nicht als real existierende Substanzen angesehen werden, sondern als Symbole und abstrakte Kräfte für bestimmte grundlegende Eigenschaften der Materie. In diesem Sinne verstanden, verfeinern die fünf Elemente das Prinzip von Yin und Yang.

Die Beziehungen zwischen den fünf Elementen

Die Beziehungen zwischen den fünf Elementen werden durch zwei Energieströme charakterisiert: Es gibt einen Kreislauf der Erzeugung und den Zyklus der Kontrolle. Im Schöpfungs- oder Erzeugungszyklus geht jede Energie aus einer anderen hervor. Jede der fünf Energien oder Elemente wird daher als Mutter der ihr folgenden Energie und diese als Kind der vorhergehenden bezeichnet. Im Erzeugungs- oder Schöpfungszyklus bewegt sich die Energie – das Qi – im Uhrzeigersinn von einem Element zum nächsten. Jedes Element bringt das nächste hervor, wird aber durch dieses Hervorbringen geschwächt, das heißt jedes Element wird vom folgenden erschöpft. So bringt Wasser Holz hervor, wird aber von diesem auch erschöpft. Holz bringt Feuer hervor, wird aber wiederum von diesem auch erschöpft. Feuer bringt Erde hervor und wird von diesem erschöpft. Erde bringt Metall hervor, wird von diesem aber ebenfalls erschöpft. Metall bringt Wasser hervor, wird von diesem aber wiederum erschöpft. Der Kreis schließt sich.

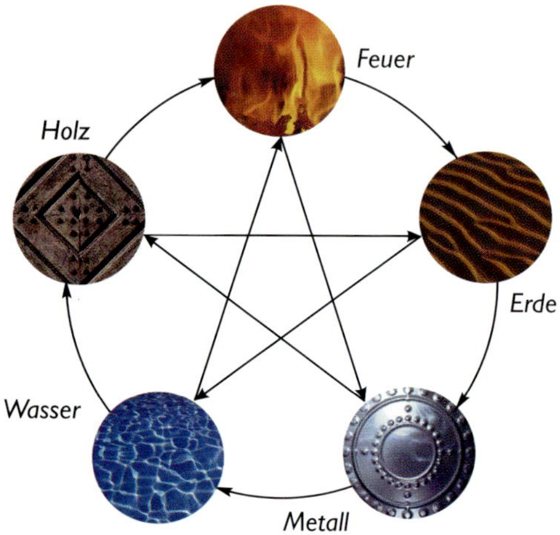

Erzeugungs- und Kontrollzyklus der fünf Elemente

Im Kontrollzyklus verläuft die Energie im Gegensatz zum Erzeugungskreislauf in geraden Linien, und zwar zum jeweils übernächsten Element. Diesen Weg schlägt die Energie ein, wenn das nächstfolgende Element geschwächt ist. In der folgenden Übersicht werden die Beziehungen der fünf Elemente untereinander nochmals aufgezeigt:

- Wasser: erzeugt Holz, kontrolliert Feuer (wenn Holz schwach), erschöpft Metall
- Holz: erzeugt Feuer, kontrolliert Erde (wenn Feuer schwach), erschöpft Wasser
- Feuer: erzeugt Erde, kontrolliert Metall (wenn Erde schwach), erschöpft Holz
- Erde: erzeugt Metall, kontrolliert Wasser (wenn Metall schwach), erschöpft Feuer
- Metall: erzeugt Wasser, kontrolliert Holz (wenn Wasser schwach), erschöpft Erde

Die Zyklen der fünf Elemente können wir auch in der Natur des Menschen wahrnehmen. Die Übergänge sind allerdings teil-

weise so unmerklich, dass wir glauben, die zyklischen natürlichen Vorgänge seien statisch. Jedoch unterliegt alles in der Natur einem Wechsel von Aufbau und Zerstörung, so dass auch Krankheit nur eine Station in einem dauerhaften Prozess darstellt.

Über allen miteinander verbundenen Yin- und Yang-Organen (Herz – Dünndarm, Milz – Magen, Lunge – Dickdarm, Nieren – Blase, Leber – Gallenblase, Herzbeutel – Dreifach-Erwärmer) steht eine der fünf Wandlungsphasen, wie auch aus der unten stehenden Tabelle zu ersehen ist.

Die fünf Elemente und ihre Manifestationen

	Holz	***Feuer***	***Erde***	***Metall***	***Wasser***
Yin-Organ	*Leber*	*Herz/Herzbeutel*	*Milz*	*Lunge*	*Niere*
Yang-Organ	*Gallenblase*	*Dünndarm/Dreifach-Erwärmer*	*Magen*	*Dickdarm*	*Blase*
Geschmack	*sauer*	*bitter*	*süß*	*scharf*	*salzig*
Klima	*windig*	*heiß*	*feucht*	*trocken*	*kalt*
Gewebe	*Sehnen*	*Blutgefäße*	*Fleisch*	*Haut*	*Knochen*

Welche Auswirkung eine Schwächung der jeweiligen Wandlungsphase hat, soll an einem Beispiel erklärt werden: Ist die Metallenergie der Lunge geschwächt, kann keine beziehungsweise zu wenig Wasserenergie gebildet werden. Dadurch wird die Funktion der Nieren, die unter dem Zeichen der Wasserenergie stehen, eingeschränkt. Dies äußert sich beispielsweise durch Durstgefühl und stark konzentrierten Urin. Die westliche Medizin würde hier versuchen, die Nierenfunktion direkt wieder zu normalisieren. Die chinesische Medizin bekämpft die Erkrankung dagegen an der Wurzel, nämlich in diesem Fall an der Lunge, indem sie die Metallenergie der Lunge mit den entsprechenden Heilkräutern verstärkt. Hat sich die Metallenergie der Lunge wieder normalisiert, kann sie auch wieder ausreichend Wasserenergie für die Niere generieren.

In einer chinesischen Apotheke mischen Mitarbeiter die Zutaten für spezielle Arzneimittel.

Die Geschmacksrichtungen der fünf Elemente

Den fünf Elementen werden außerdem bestimmte Geschmacksrichtungen zugeordnet, die man auch bei den Heilkräutern und Nahrungsmitteln wiederfindet. So besitzt die Wandlungsphase Metall den Geschmack „scharf" und kontrolliert Lunge und Darm. Heilkräuter oder Nahrungsmittel mit einem scharfen Geschmack haben deshalb einen Bezug zur Lunge und zum Darm.

Die meisten Heilkräuter verfügen jedoch nicht nur über einen, sondern über mehrere Geschmacksqualitäten und bilden deshalb eine Affinität zu mehreren Organen aus. Dies spielt vor allem bei dem Zusammenstellen von Rezeptmischungen eine große Rolle, da hier die Kräuter mit dem Organismus auf eine komplexe Weise interagieren. Dies verdeutlicht, dass die chinesische Medizin auf Erfahrungen beruht. Nur mit einer breiten Erfahrungsbasis weiß man, welche Mischung bei welchen Erkrankungen positiv wirkt.

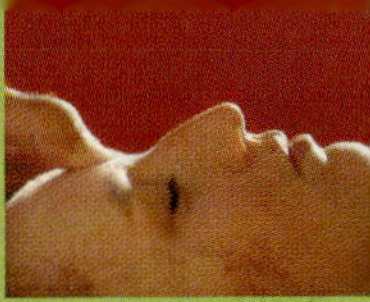

ORGANE IM GLEICHGEWICHT

Die zwölf lebenswichtigen Organe

Voraussetzung für Gesundheit ist nach den Vorstellungen der Traditionellen Chinesischen Medizin, dass sich die zwölf lebenswichtigen Organe miteinander im Gleichgewicht befinden und mit den Grundsubstanzen harmonisch zusammenarbeiten. Auf diese Weise bleiben die für die Gesundheit essenziellen Körperfunktionen erhalten. Dies bedeutet konkret, dass Energie gespeichert und verbreitet, erhalten und umgewandelt, aufgenommen und ausgeschieden sowie Organe angeregt und beruhigt werden. Herrscht auf diesem Gebiet eine ausgewogene Balance, ist der Mensch gesund, und zwar nicht nur organisch, sondern auch psychisch. Hier findet man, wie überall in der chinesischen Philosophie, das Streben nach Harmonie, das als Grundgedanke immer wieder auftaucht.

Die TCM wertet Seele und Körper als Einheit. So steht jeder emotionelle Aspekt in direkter Verbindung zu einem Organ und dessen Funktion: Freude hängt mit Herz und Kreislaufsystem zusammen, Ärger mit Leber und Stoffwechselfunktion, Trauer und Kummer mit Lunge und Atemfunktion, Schwermut oder Sorge mit Milz und Verdauungssystem, Angst und Furcht mit Nieren und Urogenitalfunktion.

Im Gegensatz zur westlichen Medizin existiert in der TCM kein anatomisches System, das eindeutig Lage, Position und Funktion aller Organe festlegt. Deshalb sind auch die Organe sowohl hinsichtlich ihrer Lage als auch ihrer Aufgabe nicht mit den uns bekannten Organen hundertprozentig gleichzusetzen. So findet man in der TCM auf der einen Seite auch Organe, die es bei uns nicht gibt – beispielsweise den Dreifach-Erwärmer. Auf der anderen Seite fehlen in der chinesischen Betrachtungs-

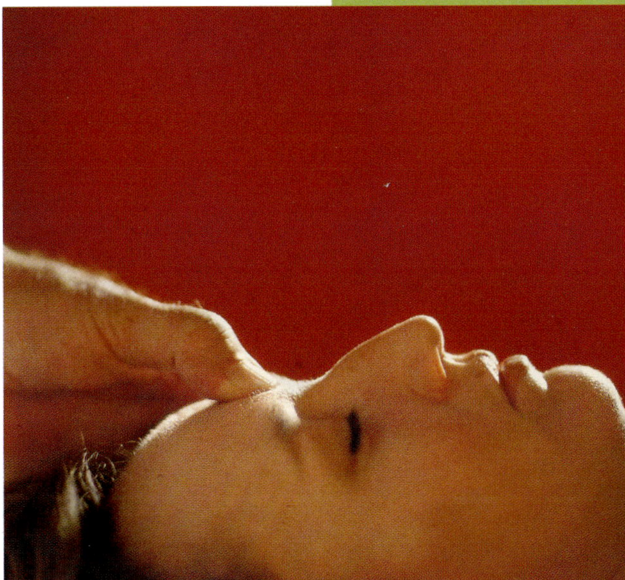

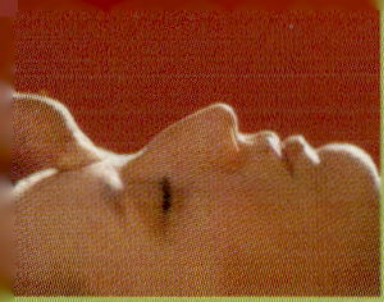

weise Organe, die nach unseren Vorstellungen eine wichtige Funktion ausüben. Hier wäre als Beispiel die Bauchspeicheldrüse zu nennen. Natürlich können wir hier nur einen kleinen Abriss dieser zwölf lebenswichtigen Organe liefern, eine detaillierte Darstellung würde schon aus Platzgründen zu weit führen und außerdem eine genauere Kenntnis der TCM und ihrer philosophischen Einflüsse erfordern.

Die Akupunktur als äußere Therapieform zielt auf die Beeinflussung des energetischen Potenzials des Menschen ab. Eine genaue Kenntnis um das Wissen der Einflusspunkte ist daher unabdingbar.

In der TCM unterscheidet man sechs Yin-Organe – Herz, Herzbeutel, Lunge, Milz, Leber und Nieren – und sechs Yang-Organe – Gallenblase, Magen, Dünndarm, Dickdarm, Blase und Dreifach-Erwärmer.

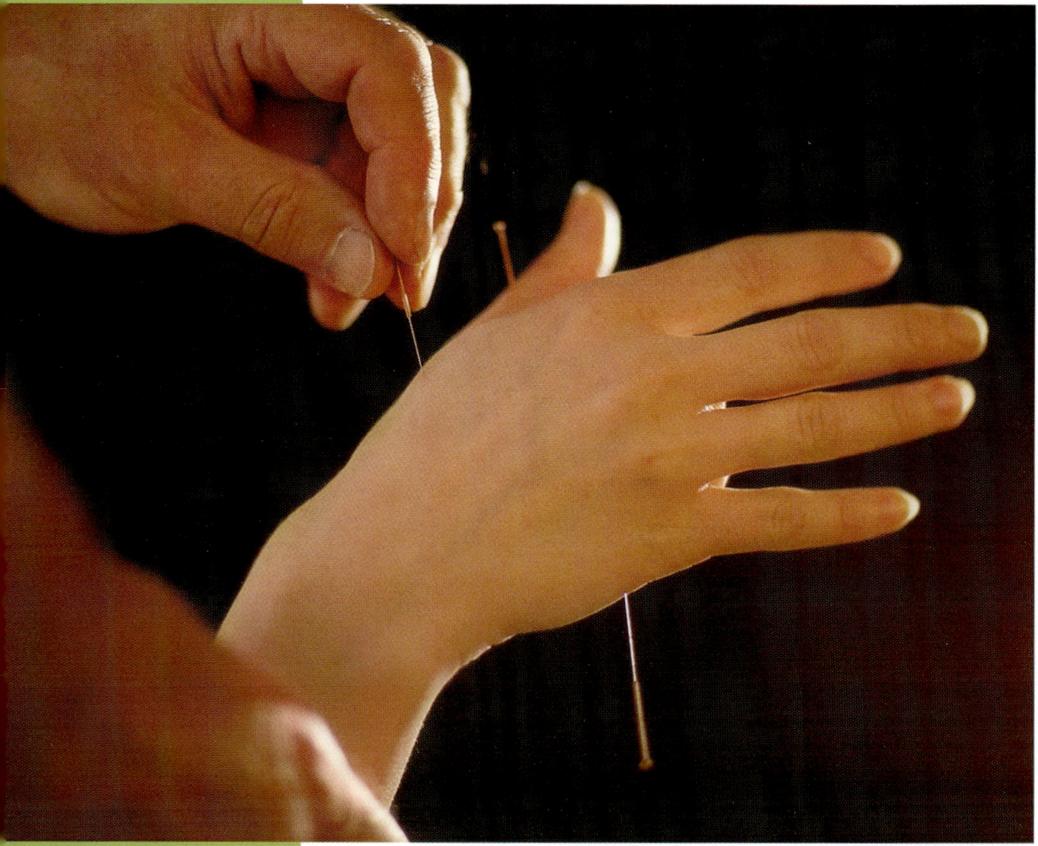

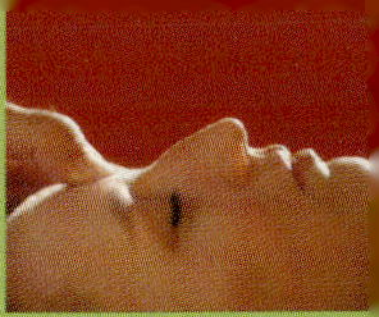

Die sechs Yin-Organe

Aufgabe der Yin-Organe ist es, die fünf Grundsubstanzen des menschlichen Körpers herzustellen, sie umzuwandeln, ihren Fluss zu regulieren und sie zu speichern. Sie liegen tiefer als die Yang-Organe.

Das Herz

Das Herz (Xin) steht über dem Blutfluss. Das bedeutet, dass das Blut harmonisch fließt, wenn das Herz gesund ist. Somit sind Herz, Blutgefäße und Blut eng miteinander verknüpft.

Eine weitere Aufgabe des Herzens ist die Speicherung von Shen, dem Bewusstsein des Menschen. Kann das Herz diese Aufgabe nicht angemessen erfüllen, äußert sich dies unter anderem in Schlaflosigkeit, heftigem Träumen oder Vergesslichkeit. Interessant ist, dass sich ein aus dem Gleichgewicht geratenes Herz-Qi auf der Zunge manifestiert. So lässt eine blasse Zunge auf ein Herzblutdefizit, eine „blaue“ Zunge auf gestautes Herzblut schließen. Im Gesicht kann man diese Zustände ebenfalls erkennen: Eine gesunde Gesichtsfarbe mit rosigem Teint und glatter Haut zeigt eine ausreichende Versorgung des Herzens mit Blut an, ein bläulich verfärbtes Gesicht deutet dagegen auf einen Blutstau im Herzen hin.

Der Herzbeutel

Obwohl eigentlich nicht vom Herzen zu unterscheiden, umgibt der Herzbeutel (Xin-bao) doch wie eine äußere Schutzhülle das Herz. Er soll schädliche und belastende Einflüsse abwehren.

Die Lunge

Auch in der TCM ist die Lunge (Fei) für die Atmung verantwortlich. Sie regelt das gesamte Qi des Körpers. Außerdem ist die Lunge am Transport und an der Umwandlung des Wassers im Körper beteiligt. Bei der abwärts gerichteten Bewegung verflüs-

sigt sich Wasserdampf und gelangt so in Nieren, Poren und Haut. Auf diese Weise reguliert die Lunge den Feuchtigkeitsgehalt der Haut und die Schweißsekretion der Schweißdrüsen. In diesem Zusammenhang erfüllt die Lunge also eine Art Abwehrfunktion, da sie schädliche Stoffe auf diese Art und Weise aus dem Körper spült. Darüber hinaus ist die Lunge eng mit Nase, Hals und Stimmbändern verbunden.

Darstellung des Milz-Pankreas-Meridians in einer alten chinesischen Zeichnung

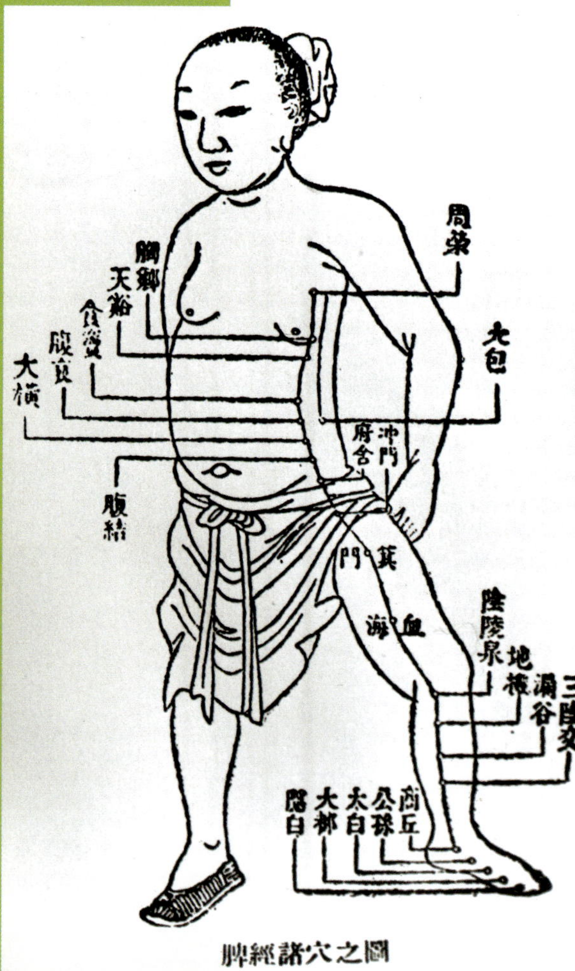

Die Milz

In der TCM wird die Milz als wichtigstes Verdauungsorgan bezeichnet. Im Umwandlungsprozess von Nahrung in Qi und Blut spielt die Milz (Pi) eine entscheidende Rolle. Hier werden der Nahrung die für die Umwandlung von Nahrung in Qi und Blut erforderlichen Bestandteile entzogen. Zusätzlich bewegt die Milz das Wasser im Körper nach oben und sorgt dafür, dass das Blut in den dafür vorgesehenen Bahnen fließt. Außerdem transportiert die Milz Qi und Blut in die Muskeln; somit hängt unsere Muskelkraft von der Funktionstüchtigkeit der Milz ab. Auch Mund und Lippen weisen eine enge Verbindung mit der Milz auf. Nur wenn das Qi der Milz ausgewogen ist, können wir auch die fünf Geschmacksrichtungen unterscheiden.

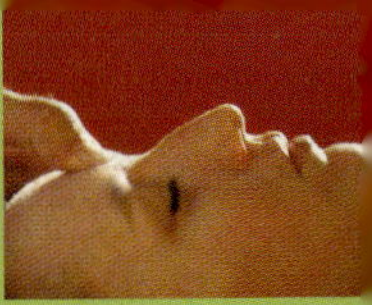

Die Leber

Die harmonisch fließende Bewegung der fünf Grundsubstanzen hängt ganz entscheidend von einem ausgewogenen Leber-Qi ab. Die Leber (Gan) ist dafür verantwortlich, dass jeder Körperteil mit den fünf Grundsubstanzen versorgt wird. Wird die Leberfunktion beeinträchtigt, so stagniert die körpereigene Energie und kann nicht mehr fließen, das Blut staut sich. Auch für eine gesunde Verdauung ist die Leber zumindest mitverantwortlich. Ist das Leber-Qi unausgewogen, so können Magen und Milz angegriffen werden, da die Verdauung in die falsche Richtung läuft. Außerdem kontrolliert die Leber die Sekretion der Gallenflüssigkeit, die bei der Verdauung eine wichtige Rolle spielt. Schließlich steuert die Leber unsere Emotionen, und umgekehrt wirkt sich eine Beeinträchtigung des Gemütszustandes negativ auf die Leber aus. Leber und Emotionen befinden sich auf diese Art und Weise in ständiger Wechselwirkung.

In der TCM ist der Zustand der Leber eng mit den Gemütszuständen des Menschen verknüpft.

Eine weitere Funktion der Leber ist die Speicherung und Regulierung des Blutes. Sie sorgt dafür, dass bei körperlicher Aktivität der Körper ausreichend mit Blut versorgt wird. Befindet man sich in einer Ruhephase, strömt das Blut zurück zur Leber und wird dort gespeichert. Als zentrales Organ ist die Leber mit den Augen und den Sehnen verbunden.

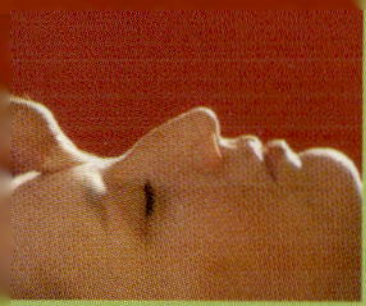

Die Nieren

Die Nieren (Shen) speichern Jing – eine Substanz, die Reproduktion und Entwicklung steuert. Da alle Organe diese Substanz brauchen, steckt in den Nieren die gesamte Lebensaktivität. Damit hängt auch der Alterungsprozess von einem harmonischen Jing-Gleichgewicht der Nieren ab. Vorzeitiges Altern oder ein rein körperliches Altern ohne geistige Reife wird deshalb in der TCM auf eine Disharmonie des Jing-Gleichgewichts in den Nieren zurückgeführt. Da auch zwischen der Kraft und dem Wachstum der Haare und den Ohren zum einen und den Nieren zum anderen ein enger Zusammenhang besteht, verweisen die zurückgehende Haarpracht und das nachlassende Hörvermögen im Alter auf eine altersbedingte Schwächung des Nieren-Jing.

Da in der TCM die Nieren auch den Alterungsprozess beeinflussen, lässt sich aufgrund äußerer Merkmale auf den Zustand dieses Organs schließen.

Eine weitere Aufgabe der Nieren ist die Aufrechterhaltung der Bewegung und Umwandlung des Wassers. Da die Nieren Jing speichern und dieses für die Knochenmarkproduktion verantwortlich ist, welches wiederum Knochen erzeugt und erhält, hängen Nieren und Knochen beziehungsweise Knochenmark eng zusammen.

Die sechs Yang-Organe

Aufgabe der Yang-Organe ist es, die Bestandteile der Nahrung, aus denen die Grundsubstanzen hergestellt werden, aufzunehmen, zu spalten und die nicht benötigten Nahrungsanteile abzutransportieren und aus dem Körper zu entfernen. Im Vergleich zu den

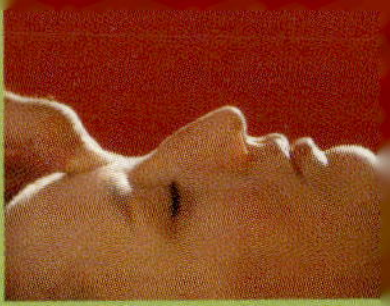

Yin-Organen stehen die Yang-Organe in einem deutlich schwächeren Zusammenhang mit den fünf Grundsubstanzen.

Die Gallenblase

In der Gallenblase (Dan) wird die Gallenflüssigkeit – eine vom überschüssigen Leber-Qi gebildete gelbe, bittere Flüssigkeit – gespeichert und abgesondert. Bei Bedarf schickt die Gallenblase die Gallenflüssigkeit nach unten in den Magen. Dort ist sie am Verdauungsprozess beteiligt. Damit sind Leber und Galle voneinander abhängig. Ein Ungleichgewicht in der Leber beeinträchtigt die Gallenblase und umgekehrt.

Der Magen

Im Magen (Wei) wird die aufgenommene Nahrung verarbeitet. Dort beginnt der Verdauungsprozess. Vom Magen aus werden bestimmte Nahrungsbestandteile an die Milz geschickt, um dort zu Qi und Xue verarbeitet zu werden. Andere Bestandteile werden vom Magen an den Dünndarm weitergeleitet und dort weiter verdaut.

Der Dünndarm

Im Dünndarm (Xiao-chang) wird die Nahrung weiter aufgespalten und wiederum an Milz beziehungsweise Dickdarm geschickt. Ein weiterer Teil gelangt vom Dünndarm direkt zu den Nieren und zur Blase.

Der Dickdarm

Der Dickdarm (Da-chang) entzieht den bis zu ihm gelangten Nahrungsbestandteilen das Wasser, der Rest wird ausgeschieden.

Die Blase

In der Blase (Pang-guang) wird der Urin, der über die Nieren in die Blase gelangt, ausgeschieden. Gebildet wird er aus den Nahrungsbestandteilen, die aus Lunge sowie Dünn- und Dickdarm in die Nieren fließen.

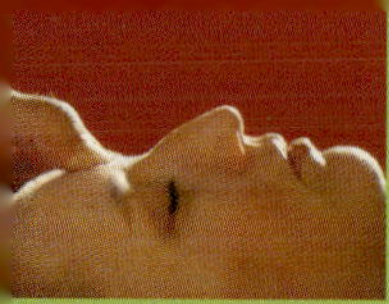

Der Dreifach-Erwärmer

Selbst in der klassischen chinesischen Literatur findet man bezüglich dieses Organs, das nach Meinung vieler chinesischer Ärzte nur einen Namen hat, jedoch nicht lokalisiert werden kann, sehr unterschiedliche Aussagen. Er bildet praktisch das Bindeglied zwischen den Organen, die mit der Wasserregulation zu tun haben, also hauptsächlich Nieren, Lunge und Milz sowie Dünndarm und Blase, und kann damit in etwa unserem Stoffwechsel gleichgesetzt werden.

Die Außergewöhnlichen Organe

Neben den sechs Yin- und den sechs Yang-Organen kennt die TCM noch die sechs Außergewöhnlichen Organe, nämlich Gehirn, Knochen, Mark, Blutgefäße, Gebärmutter und Gallenblase. Die Gallenblase gehört zusätzlich auch zu den Yang-Organen.

Die sieben Emotionen (Qi-qing)

In der chinesischen findet man im Gegensatz zur westlichen Medizin keine Trennung zwischen Körper und Psyche. Demzufolge verwundert es nicht, dass die Chinesen das Gefühlsleben – die Emotionen – in die Krankheitserkennung mit einbeziehen.

So kennt man nach chinesischem Verständnis sieben Emotionen, die auch heute noch bei der Diagnose als außerordentlich wichtig angesehen werden, nämlich Freude, Ärger, Trauer, Kummer, Schwermut, Angst und Furcht. Der für uns nur schwer nachzuvollziehende Unterschied zwischen Trauer und Kummer beziehungsweise Angst und Furcht ist auch in der chinesischen Medizin nur graduell zu sehen.

Stehen all diese sieben Emotionen in einem ausgewogenen Gleichgewicht zueinander, so herrscht Harmonie. Nimmt jedoch eine Emotion über einen längeren Zeitraum überhand oder tritt ein gravierendes Ungleichgewicht plötzlich auf, so wirkt sich dies auf das Qi und die anderen Grundsubstanzen aus und kann somit eine Krankheit verursachen.

Da die sieben Emotionen eng mit den Organen zusammenhängen, kann ein Ungleichgewicht des Qi in diesen Organen das Gleichgewicht zwischen Körper und Seele aus der Balance bringen. Natürlich besteht auch in umgekehrter Richtung dieser Zusammenhang.

Die sieben Emotionen beziehungsweise deren Ungleichgewicht dürfen jedoch nicht als alleinige Auslöser einer Krankheit angesehen werden. Nur zusammen mit den anderen Faktoren, den fünf Grundsubstanzen und den zwölf lebenswichtigen Organen, bilden sie die Grundlage für Gesundheit und Krankheit.

Jede Empfindung hat im Übermaß einen nachhaltigen Einfluss auf die Psyche und ruft außerdem eine bestimmte Körperhaltung hervor, die wiederum auf lange Sicht bei speziellen Bewegungen Schmerzen verursachen kann. So bewirkt übermäßige Freude übertriebene und schnelle Körperbewegungen (Psyche: nervös, hysterisch), Schwermut beziehungsweise Sorge zieht eine kopflastige Haltung nach sich (Psyche: grüblerisch, melancholisch), Trauer und Kummer einen Rundrücken und einen geschwächten Körper (Psyche: schüchtern), Furcht und Angst angespannte Rückenmuskeln (Psyche: müde, schreckhaft, verkrampft), Ärger körperliche Anspannung und eine laute Stimme (Psyche: erregt, gereizt).

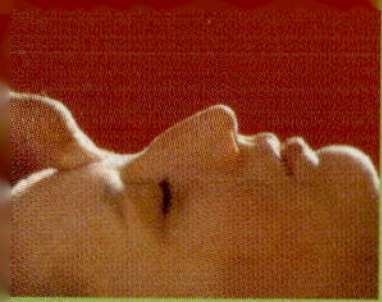

Die sechs Übel (Liu-yin)

In den Enzyklopädien über die TCM findet man den Begriff der sechs Übel in folgendem Zusammenhang: Wenn die sechs Umweltenergien Wind, Kälte, Hitze, Feuchtigkeit, Trockenheit und Feuer zu stark werden oder außerhalb der ihnen entsprechenden Jahreszeit auftreten, dann werden sie zur Krankheitsursache, und man bezeichnet sie als die sechs Übel. Man sieht, dass auch hier wieder Harmonie, Balance und Gleichgewicht über die Wirkung einzelner Faktoren – in dem Fall sind es die Umweltenergien – entscheiden.

In der TCM werden die sechs Übel unter dem Begriff der „äußeren Krankheitsursachen“ zusammengefasst. Im Gegensatz dazu bilden die sieben Emotionen die „inneren Krankheitsursachen“. Die sechs Übel können – wenn sie zu stark ausgeprägt sind – das Qi aus dem Gleichgewicht bringen und auf diese Weise die Abwehr schwächen, die dann negative Umwelteinflüsse nicht mehr abwehren kann.

Die sechs Übel entsprechen nach dem Verständnis der altchinesischen Medizin verschiedenen klimatischen Situationen, eben Wind, Kälte, Hitze, Feuchtigkeit, Trockenheit und Feuer. Heute kommen zu diesen Wetterbedingungen weitere durch die Technisierung unserer Welt hervorgerufene Faktoren hinzu, beispielsweise Klimaanlagen, Heizungen, Umweltverschmutzung etc. Diese können unser Qi noch weitaus gravierender negativ beeinflussen als die sechs Übel.

Wind

Wind (Feng) assoziieren die Chinesen mit der Bewegung, die dieser erzeugt, wo sonst Stille herrschen würde. Damit ruft der Wind Veränderungen hervor, er bringt die Energie aus dem gleichmäßigen Fluss. Wind ist folglich ein Yang-Element. Als Übel tritt der

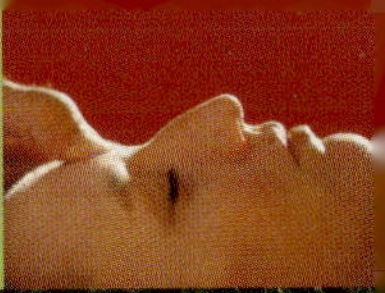

Wind selten allein, sondern meist in Verbindung mit anderen Übeln wie Hitze oder Kälte auf.

In der TCM geht man davon aus, dass sich der „bösartige" Wind hauptsächlich nach oben beziehungsweise nach außen bewegt. Er manifestiert sich in Gesicht, Haut, Schweißdrüsen und Lunge. Charakteristische Erscheinungsformen des Übels Wind sind Fieber, Zugempfindlichkeit, Kopfschmerzen, die abrupt auftreten, verschlossene Atemwege und ein rauer Hals.

Kälte

Im Gegensatz zum Wind gehört die Kälte (Han) zu den Yin-Elementen. Die Chinesen assoziieren die Kälte mit dem Winter. Ist das Immunsystem geschwächt, reagiert man empfindlich auf Kälte, die Durchblutung funktioniert nicht mehr ausreichend, Frösteln, Fieber, ja sogar physische Schmerzen können auftreten. Denken Sie nur daran, dass zum Beispiel kalte Hände auch weh tun können. Äußere Kälte wirkt verstärkend auf eine bereits bestehende innere Kälte. Diese innere Kälte wird durch einen Yang-Mangel in den lebenswichtigen Organen verursacht.

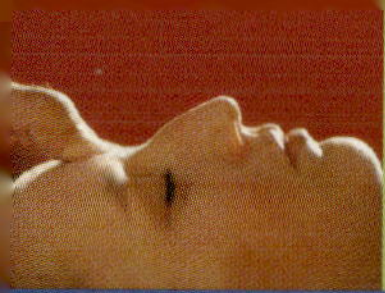

Hitze

Das Übel Hitze (Re) gehört wiederum zu den Yang-Elementen. Die durch dieses Übel ausgelösten Krankheiten beobachtet man natürlich am häufigsten im Sommer, wenn die Hitze am stärksten ist. So können, wenn man zu lange starker Hitze ausgesetzt war, z. B. heftige Schweißausbrüche, starker Durst, trockener Zungenbelag, Fieber, ein hochrotes Gesicht und starke Kopfschmerzen auftreten. Man sucht dann die Kälte, meidet die Wärme.

Feuchtigkeit

Die Feuchtigkeit (Shi) gehört zum Spätsommer und ist ein Yin-Element. Feuchtigkeit wird mit dem Attribut „schwer" verbunden. Durch ein Übermaß an äußerer Feuchtigkeit kommt es zu kaltem Schweiß, steifen und schmerzenden Gelenken sowie Müdigkeit und Lethargie. Symptome für eine innere Feuchtigkeit sind Druckgefühle in der Brust, Appetitverlust oder Brechreiz sowie Durchfälle.

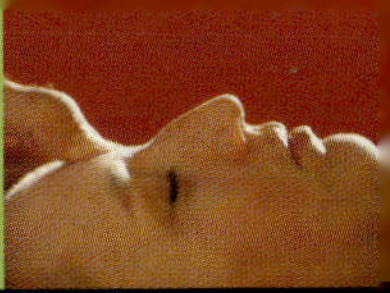

Trockenheit

Die Trockenheit (Zao), verbindet man in China mit dem Herbst. Trockenheit beeinflusst die Lungenfunktion negativ. Zusammen mit anderen Übeln wie Hitze, Kälte oder Wind können auf diese Weise verschiedene Atemwegserkrankungen ausgelöst werden. Durch die Verbindung zwischen Lunge (Yin) und Darm (Yang) kann auch eine Verstopfung auf Trockenheit zurückgeführt werden.

Feuer

Mit Feuer (Huo) bezeichnet man in der TCM ein massives Zuviel an einer der Umweltenergien oder ein Zusammentreffen mehrerer zu stark ausgeprägter Umweltenergien. Ein Feuer kann die zwölf lebenswichtigen Organe dauerhaft schädigen. Hier ein Beispiel: Atemwegsbeschwerden, verursacht durch das Übel Trockenheit, können in ein Lungenemphysem (Aufblähung der Lunge) oder gar in Lungenkrebs ausarten, wenn man dem Übel Trockenheit nicht rechtzeitig ausweicht.

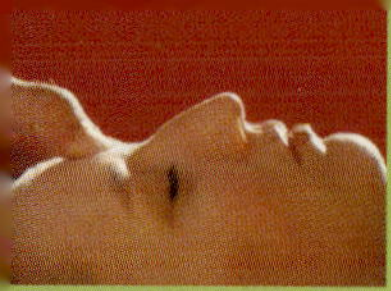

Die Lebensweise

Neben Arzneikunde und Therapieformen gehört auch die Betrachtung der Lebensweise, vor allem der Ernährung, zur Diagnostik der TCM.

In der chinesischen Kultur trägt der richtige Weg, den man im Leben geht – gemeint ist damit die richtige Lebensweise – erheblich dazu bei, ob man sich gesund oder krank fühlt. Als erstrebenswert gilt hier ein Leben in Harmonie mit der Umwelt, ja dem gesamten Universum: Das bedeutet, zwischen Yin und Yang und den einzelnen Emotionen besteht ein harmonisches Gleichgewicht.

Die Lebensweise wird durch drei Faktoren bestimmt, nämlich durch die richtige Ernährung, durch das richtige Ausmaß sexueller

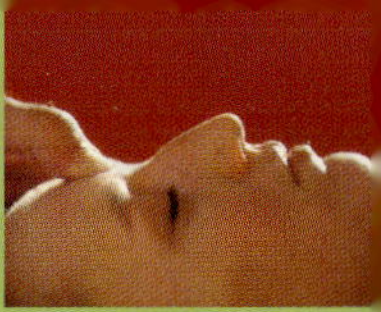

Aktivität – was natürlich nicht definiert werden kann, sondern von der Gesellschaft und den sozialen Bedingungen abhängt – und durch die körperliche Aktivität zur richtigen Zeit. Letzteres sollte nach chinesischem Maßstab immer im Einklang mit dem Universum, den Jahreszeiten, der körperlichen Befindlichkeit und natürlich ebenso mit dem Alter stehen. Also gilt es auch hier, für eine richtige und gesunde Lebensweise das Verhältnis von Yin und Yang zu berücksichtigen.

So sind die Yang-Zeiten (Jugend, Frühjahr, Morgen) durch Aktivität, die Yin-Zeiten (Alter, Winter, Abend) dagegen durch Ruhe geprägt. Doch auch in Yang-Zeiten sollte man auf das richtige Maß an körperlicher Bewegung achten, denn ein Zuviel führt über die Milz zu einem Qi- und Xue-Mangel.

Schon für die Daoisten war die Sexualität ein wesentlicher Bestandteil des menschlichen Lebens. Als Einflusspotenzial auf den Energiestrom des Körpers wird darum auch die sexuelle Aktivität in der TCM berücksichtigt.

DIE RICHTIGE ERNÄHRUNG

Nach der chinesischen Naturheilkunde ist Essen mit Leben und Nahrung mit Medizin gleichzusetzen, denn jedes Lebewesen existiert nicht nur durch die Aufnahme von Sauerstoff und Wasser, sondern auch von fester Nahrung. Jedes Nahrungsmittel ist eine Medizin, die allmählich durch Jahre und Jahrzehnte hindurch über Gesundheit und Krankheit entscheidet. Auch in der westlichen Medizin hat sich der gesundheitliche Nutzen einer ausgewogenen Ernährung immer mehr durchgesetzt. Heute spielt eine gesunde Ernährung auch bei uns eine wichtige Rolle.

Ein in China häufig verwendetes Sprichwort lautet: „Nahrung ist Medizin, und Medizin ist Nahrung." Dies verdeutlicht den Stellenwert, den eine ausgewogene und gesunde Ernährung in der chinesischen Medizin innehat.

Kleine Befindlichkeitsstörungen bekämpfen die Chinesen auch heute noch häufig mit einem Essen, dem sie spezielle, zur Behandlung der Gesundheitsstörung geeignete Zutaten beimischen. Die Nahrungsmittel haben nach der chinesischen Denkweise ver-

schiedene Eigenschaften. Sie beeinflussen auf unterschiedliche Weise unser Körper- und Organ-Qi. Natürlich darf man nicht vergessen, dass man auch in der chinesischen Medizin schwere Krankheiten nicht allein durch das Einhalten einer bestimmten Diät heilen kann. Aber eine nach den Eigenschaften der Nahrungsmittel ausgerichtete harmonische Ernährung wirkt vorbeugend und unterstützend im Hinblick auf eine intakte Gesundheit.

Eine gesunde und ausgewogene Ernährung nach den Grundsätzen der altchinesischen Naturheilkunde setzt sich aus vielen verschiedenen Komponenten zusammen. Im Folgenden wird dargestellt, wie schon durch die Beachtung einiger wichtiger Ernährungsregeln ein entscheidender Beitrag zu einem gesunden Körper und einem intakten Immunsystem geleistet werden kann.

Einige wichtige Regeln

- *Nehmen Sie jeden Tag eine Brotmahlzeit und zwei warme Mahlzeiten zu sich.*
- *Verwenden Sie statt Kartoffeln besser Reis.*
- *Ersetzen Sie Kaffee durch Grünen Tee.*
- *Trinken Sie Wein und Bier nur in geringen Mengen.*
- *Verzichten Sie auf hochprozentigen Alkohol.*
- *Trinken Sie viel Mineralwasser.*
- *Das Gemüse darf nicht gnadenlos „verkocht" werden, dünsten Sie es nur ganz kurz an, damit es noch knackig schmeckt. Schneiden Sie es vor dem Zubereiten klein.*
- *Achten Sie beim Einkauf auf gute Qualität.*
- *Verwenden Sie nur den Jahreszeiten entsprechende Nahrungsmittel, also keine Erdbeeren oder Pfirsiche im Winter.*

Die Wirkung der Nahrungsmittel

Wie überall in der chinesischen Medizin, so stehen auch bei der Ernährung Harmonie und Ausgewogenheit im Mittelpunkt. So unterscheidet die chinesische Medizin die Nahrungsmittel und Heilpflanzen nach den beiden Grundeinheiten oder Temperamen-

ten „Kühl" beziehungsweise „Kalt" und „Warm" beziehungsweise „Heiß". Damit ist allerdings nicht die physikalische Temperatur des jeweiligen Nahrungsmittels gemeint, sondern dessen Wirkung im Körper. Diese Einteilung wie auch die auf den nächsten Seiten beschriebenen Definitionen sind keinesfalls das Ergebnis einer willkürlichen Laune, sondern das Resultat jahrhundertelanger Beobachtung und Erfahrung, die man in der TCM gewonnen hat.

Heiße und warme Lebensmittel gehören zu den Yang-Elementen, diese besitzen ein heißes beziehungsweise warmes Temperament. Man sollte sie aus medizinischen Gründen vor allem dann zu sich nehmen, wenn die innere Kälte zu stark ist. So ist es an kalten Tagen durchaus angebracht, des öfteren Fleisch zu kochen. Fleisch kann als wärmendes Energietonikum, beispielsweise in Form einer Kraftbrühe mit Heilkräutern zubereitet, bei einer leicht frierenden Konstitution dieser so genannten Yang-Schwäche entgegenwirken. Umgekehrt bezeichnet man zum Beispiel erfrischendes Obst (Äpfel, Birnen) und Gemüse als die kühlen oder kalten Yin-Nahrungsmittel.

Die fünf Geschmacksrichtungen

Die Nahrungsmittel werden, wie auch die Heilpflanzen, in fünf verschiedene Geschmacksrichtungen eingeteilt und entsprechend

Geschmacks- und Wirkrichtungen von Nahrungsmitteln

Element	**Feuer**	**Erde**	**Metall**	**Wasser**	**Holz**
Geschmack	*bitter*	*süß*	*scharf*	*salzig*	*sauer*
Geruch	*verbrannt*	*duftend*	*scharf*	*faulig*	*ranzig*
Ort der Wirkung	*Herz*	*Milz*	*Lunge*	*Niere*	*Leber*
Wirkung	*reinigend, kühlend*	*kräftigend, harmonisierend*	*zerteilend, hebend*	*auflösend, abführend*	*zusammenziehend, abdichtend*

den fünf Elementen zugeordnet. Je nach Geschmack entfalten die Nahrungsmittel unterschiedliche Wirkungen. Genauso verfährt man mit den Gerüchen, die die Nahrungsmittel verströmen. Sie werden ebenfalls den fünf Elementen und damit auch den entsprechenden Organen zugeordnet.

Die Wirkrichtung der Nahrungsmittel

Ein Nahrungsmittel besitzt nicht nur Geschmack, Geruch und Temperament, sondern es wirkt im Körper auch in verschiedenen Richtungen: Einige Nahrungsmittel „heben" das Organ- und Körper-Qi, andere „senken" es. Es kann aber auch sein, dass ein Nahrungsmittel das Qi überhaupt nicht beeinflusst, sich also neutral verhält. Diesen Zustand bezeichnet man dann als schwebend.

Möchte man also erreichen, dass die Energie im Körper absinkt, dass zum Beispiel ein Zuviel an Energie aus dem Kopf ver-

Um die Klassifizierung des „Temperaments" zu verdeutlichen: Eine Zucchini hat ein kühles Temperament, auch wenn sie erhitzt wurde. Dagegen besitzen Kirschen ein warmes Temperament, auch wenn man sie direkt aus dem Kühlschrank isst.

schwindet und lästige Kopfschmerzen dadurch aufhören, dann sollte man Nahrungsmittel mit einer „senkenden“ Wirkrichtung zu sich nehmen. Natürlich ist dies nur eine sehr vereinfachte Darstellung. In Wirklichkeit sind die Zusammenhänge viel komplizierter, doch kann schon die Einhaltung von einigen wichtigen Grundregeln positiv auf Körper und Geist wirken.

Nahrungsmittel	***Geschmack***	***Temperament***	***Wirkrichtung***
Apfel	*süß, sauer*	*kühl*	*senkend*
Birne	*süß*	*kühl*	*hebend*
Blumenkohl	*scharf, süß*	*neutral*	*senkend*
Endivien	*bitter*	*kalt*	*senkend*
Ente	*süß, salzig*	*neutral*	*hebend*
Gans	*süß*	*neutral*	*schwebend*
Honig	*süß*	*warm*	*hebend*
Huhn	*süß*	*warm*	*hebend*
Hühnerei	*süß*	*neutral*	*hebend*
Kabeljau	*salzig, süß*	*neutral*	*senkend*
Kartoffel	*süß*	*neutral*	*schwebend*
Knoblauch	*scharf*	*heiß*	*hebend*
Linsen	*süß*	*neutral*	*senkend*
Mais	*süß*	*warm*	*hebend*
Milch	*süß*	*neutral*	*hebend*
Möhren	*süß*	*warm*	*hebend*
Reis	*süß*	*warm*	*hebend*
Rindfleisch	*süß, salzig*	*warm*	*senkend*
Salz	*salzig*	*kalt*	*senkend*
Schweinefleisch	*süß, salzig*	*neutral*	*senkend*
Seelachs	*salzig*	*kühl*	*senkend*
Spargel	*scharf, bitter*	*warm*	*schwebend*
Weizen	*süß*	*kühl*	*senkend*
Zwiebel	*scharf, süß*	*warm*	*hebend*

Die Tabelle auf der vorhergehenden Seite zeigt, welche Eigenschaften einige ausgewählte Nahrungsmittel, die auch in Europa bekannt sind, aufweisen.

Ernährung mit den Jahreszeiten

In der chinesischen Medizin richtet sich die Ernährungsweise stark nach den fünf Elementen und damit nach den Jahreszeiten, von denen es im Gegensatz zu der westlichen Gliederung mit vier Einheiten fünf gibt: Frühjahr, Sommer, Spätsommer, Herbst und Winter.

So gilt es im Frühjahr, wenn die Energie wieder nach „außen" gelangen muss, Nahrungsmittel zu sich zu nehmen, die das Körper-Qi anheben und kräftigen. Dies erreicht man mit Nahrungsmitteln der Geschmacksrichtung „scharf". Außerdem sollte man entsprechend der Jahreszeit – im Frühling sprießt alles – auf Sprossen und junges Gemüse zurückgreifen.

Im Sommer und Spätsommer, wenn die äußere Hitze am stärksten ist, sind Nahrungsmittel mit den folgenden Eigenschaften zu empfehlen: „sauer", „kühl", aber nicht abkühlend, und "leicht". Im Spätsommer sollte man harmonisierende Nahrungsmittel bevorzugen. Dies sind im Großen und Ganzen Speisen, die bei der Einhaltung der nebenstehenden wichtigen Regeln infrage kommen.

Im Herbst empfehlen sich anfeuchtende Lebensmittel – Nahrungsmittel, welche die Produktion der Körpersäfte anregen.

Im Winter muss die Yang-Energie, also die warme Energie, erhalten werden. Dazu eignen sich vor allem Nahrungsmittel mit einem warmen und heißen Temperament.

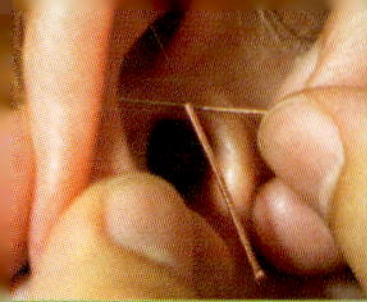

AKUPUNKTUR UND AKUPRESSUR

Die einzige chinesische Therapieform, die in der abendländischen Naturheilkunde mit großer Wahrscheinlichkeit lange Zeit nicht bekannt war, ist die Akupunktur. Archäologen und Historiker wurden allerdings durch neueste Publikationen über den „Ötzi" verunsichert, soll doch diese rund 5300 Jahre alte mumifizierte Leiche aus den Ötztaler Alpen in Österreich „akupunkturähnliche Spuren" aufweisen.

Bei der Akupunktur werden an genau festgelegten Punkten entlang der Muskel- und Nervenleitbahnen dünne Nadeln eingestochen, um den Energiefluss im Körper positiv zu beeinflussen.

Akupressur, die Mikromassage von Akupunkturpunkten, ist historisch gesehen eine Vorstufe der Akupunktur und geht nach deren Regeln vor. Nach entsprechender Anleitung durch einen Heil-

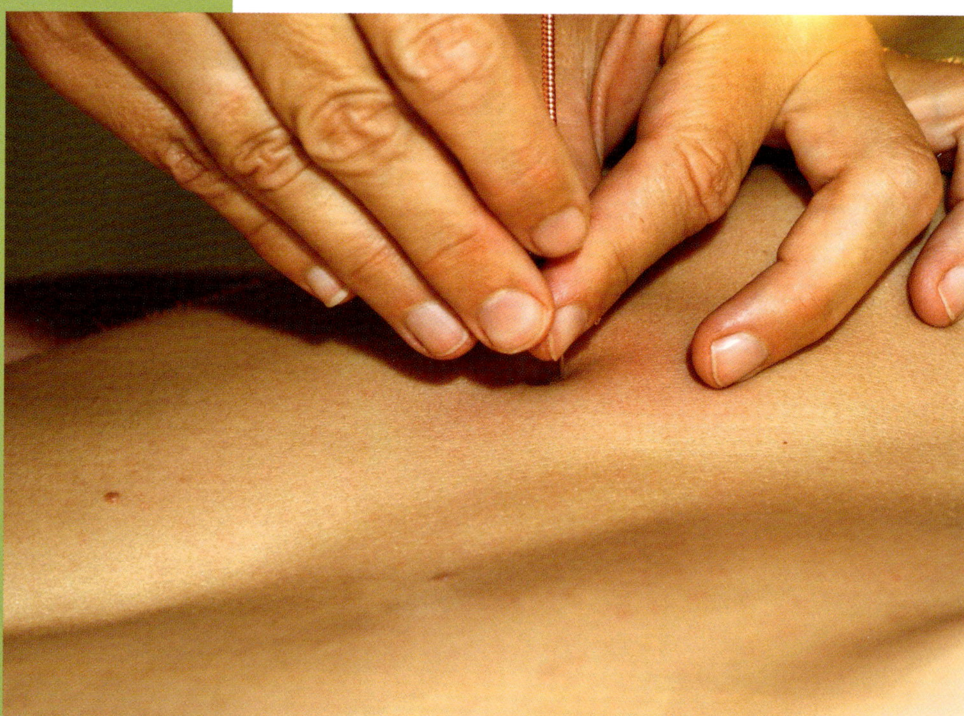

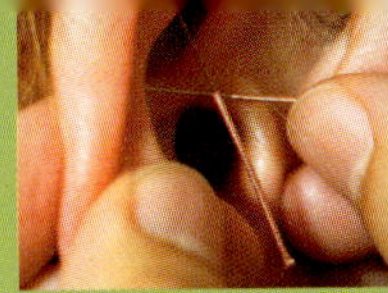

kundigen kann sie auch vom Laien selbst zum Beispiel mittels Fingerdruck auf bestimmte Hautareale erfolgreich angewendet werden.

Für den TCM-Arzt in China wirkt die Akupunktur nach den Prinzipien der TCM auf der kulturell-philosophischen Basis der Yin-Yang-Lehre. Im Westen wurde die Akupunktur beziehungsweise Akupressur unter naturwissenschaftlichen Aspekten untersucht. Dabei wurden im Einzelnen die folgenden naturwissenschaftlichen Erkenntnisse zu den Wirkprinzipien der Akupunktur und Akupressur gewonnen:

Bei der Moxibustion verbrennt auf der Akupunkturnadel eine Kräutermischung. Die entstehende Hitze bewirkt dabei einen therapeutischen Effekt.

- Embryologisch (die Embryologie ist die Lehre von der Entwicklung der Leibesfrucht von der Keimesentwicklung an bis zur Geburt) nimmt die Haut bzw. das Hautsinnessystem gemeinsam mit dem Nervensystem aus dem äußeren Keimblatt (Ektoderm) Gestalt an; diese gemeinsame embryonale Entwicklung zeigt die enge Beziehung der Haut zum Nervensystem. Akupunkturpunkte liegen in Hautarealen bestimmter Körpersegmente, die reflektorisch über so genannte Head'sche Zonen mit den inneren Organen verbunden sind.
  Darüber hinaus gibt es „Mikrosysteme", auch „Somatotopien" genannt; diese bezeichnen das Phänomen umschriebener Körperareale (z. B. Schädel, Ohrmuschel, Nase, Hand, Fußsohle usw.), die als Projektionszonen in sich die Gesamtheit des körperlichen Organismus in Form funktioneller Wechselbeziehungen widerspiegeln.
- 80 Prozent der Akupunkturpunkte fallen mit Löchern der oberflächlichen Muskelfaszien zusammen, durch die Nerven- und Gefäßbündel hindurchtreten; in den direkt darüber liegenden Hautarealen ist bei Auffälligkeit der Punkte der elektrische Hautwiderstand niedriger als in der Umgebung. (Dieser Effekt wird bei den Punktsuchgeräten genutzt.)

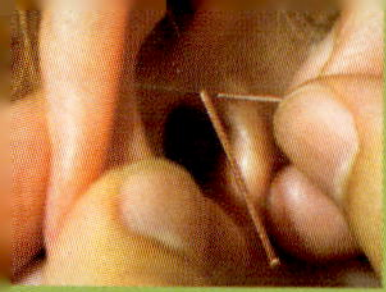

- Dank spezieller Röntgentechniken gibt es Hinweise auf eine mögliche Existenz von Verbindungslinien zwischen den Akupunkturpunkten, den so genannten Meridianen.
- Akupunkturpunkte sind „Sender und Empfänger“ für elektrische Schwingungen im bioelektrischen Umfeld. Informationen wie elektromagnetische Reize werden in bioelektrische Signale umgewandelt, auf die der Körper reagiert.
- Akupunktur hemmt die Schmerzzuführung auf der Ebene des Rückenmarks.
- Akupunktur stimuliert die Endorphinproduktion; Endorphine, auch „Glückshormone“ genannt, sind körpereigene Substanzen, die an den Nervenzellen die Weiterleitung der Schmerzinformation blockieren.
- Akupunktur nimmt Einfluss auf verschiedene Neurotransmitter (vom Nervensystem gebildete Substanzen, welche die Erregungsübertragung beeinflussen, z. B. das Serotonin) und Hormone (körpereigene Stoffe, die von Drüsen produziert und mit den Körpersäften den Organen zugeführt werden, z. B. das Cortison aus der Nebennierenrinde).
- Akupunktur wirkt auf das Immunsystem.
- Akupunktur ist deutlich stärker wirksam als ein Placebo (Scheinmedikament).

„Tui Na“ ist die traditionelle manuelle Therapie in der TCM. Dabei werden verschiedene Massagetechniken eingesetzt.

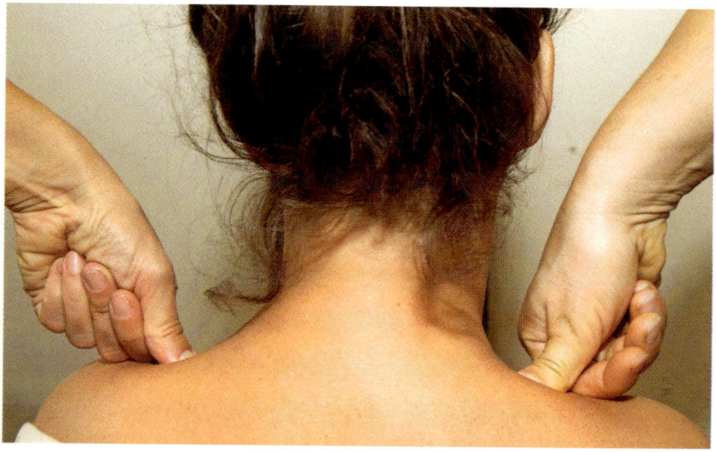

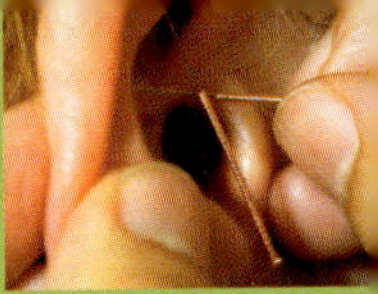

Zusammenfassend gesagt beruhen Akupunktur wie Akupressur nach naturwissenschaftlichen Erkenntnissen auf einem komplexen Wirkprinzip, welches aber noch nicht letztendlich erforscht ist.

Eine Vielzahl von Akupunkturpunkten konzentriert sich am Ohr.

Die Akupunkturpunkte

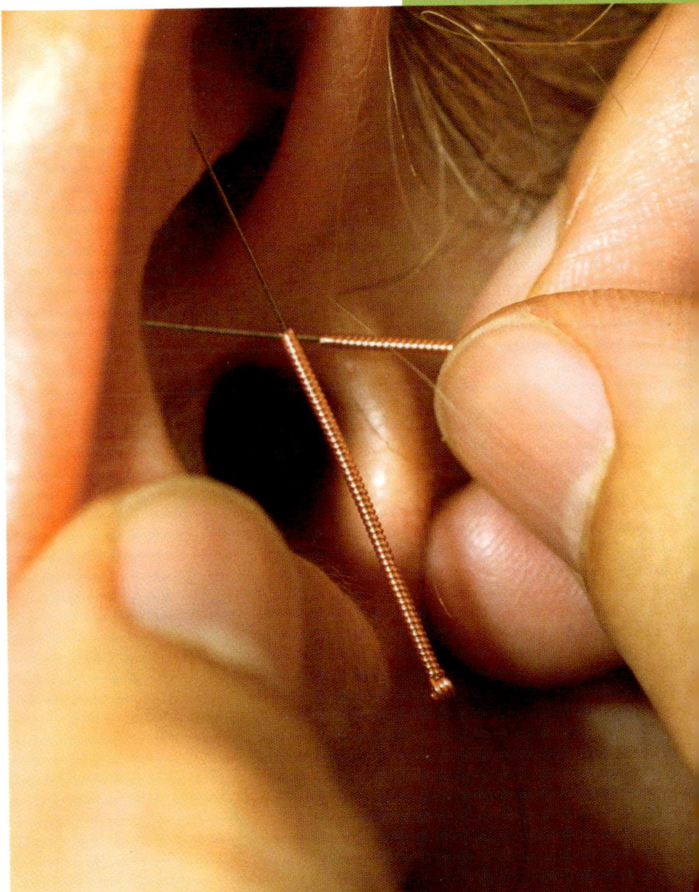

Akupunkturpunkte sind kleine konzentrische Hautareale mit einer Ausdehnung bis zu einem Quadratzentimeter. Es besteht dort eine größere elektrische Leitfähigkeit als in der weiteren Umgebung dieser Areale. Anatomisch betrachtet liegen in diesem Bereich unter der Haut Nerven- und Gefäßbündel. Der Akupunkturpunkt funktioniert also wie ein Sinnesorgan.

Durch gezielte Reize, zum Beispiel einen Fingerdruck bei der Akupressur und einen Nadelstich beziehungsweise eine Wärmeanwendung bei der Akupunktur, werden die regulativen Selbstheilungskräfte des stimulierten Organismus angeregt. Verschiedene dafür verantwortliche Mechanismen konnten inzwischen naturwissenschaftlich nachgewiesen werden.

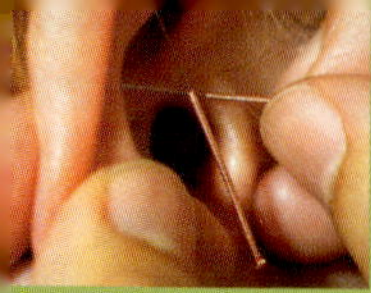

Es gibt insgesamt 361 klassische Akupunkturpunkte, die untereinander durch das Meridiansystem in Verbindung stehen. Aufgrund der verschiedenen Steuerungsaufgaben im Gesamtorganismus sind die Akupunkturpunkte unterschiedlich wirksam. Bereits mit 33 übergeordneten Akupunkturpunkten, den so genannten Meisterpunkten, kann eine Vielzahl von Beschwerden erfolgreich behandelt werden.

Die Meridiane mit den Einstechpunkten für die Akupunktur lassen sich am Modell nachvollziehen.

Die Meridiane

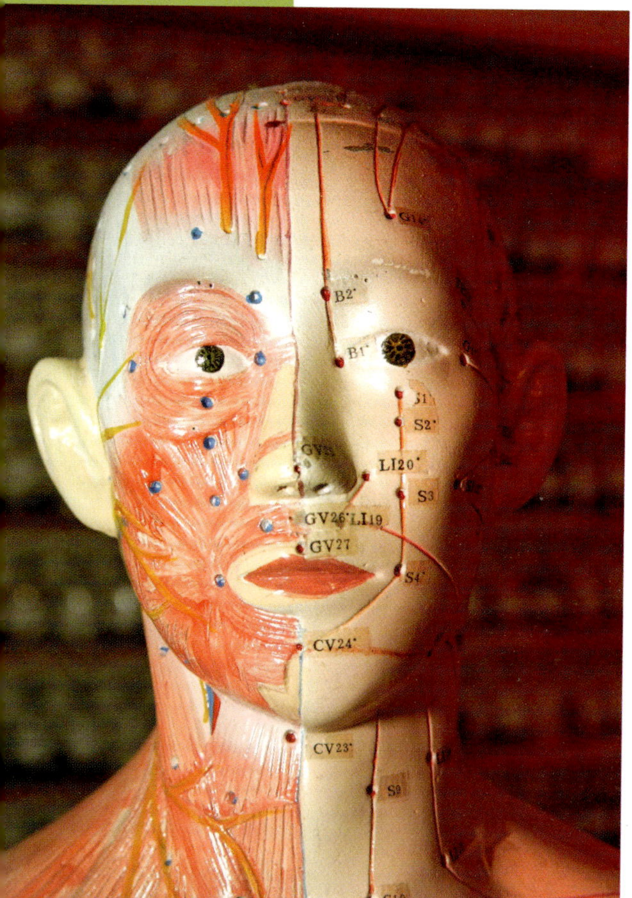

Unter „Meridianen" oder Leitbahnen versteht man Bahnen, in denen nach traditioneller Vorstellung die Lebensenergie Qi zirkuliert. Die Verlaufsrichtungen wurden von europäischen Ärzten mit den geografischen Längengraden der Erdkugel verglichen und dementsprechend als Meridiane bezeichnet. Neuere archäologische Funde beweisen, dass der Verlauf der Meridiane bereits vor über 2000 Jahren festgelegt wurde. Im Allgemeinen wird angenommen, dass zuerst wirksame Akupunkturpunkte bekannt waren und später erst das Meridiansystem entwickelt wurde. Trotz umfassender naturwissenschaftlicher Forschungen konnte die Existenz, geschweige denn eine greifbare Gestalt der Meridiane bisher nicht nachgewiesen werden. Meridiane

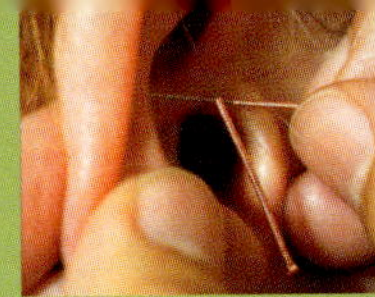

stellen in einem gewissen Sinn die „Anatomie der TCM" dar. Nach der Theorie der TCM wird – ähnlich dem uns bekannten Blutkreislauf oder dem Nervensystem – der gesamte Organismus durch ein Netzwerk von Leitungsbahnen verbunden.

Das Leitungsbahnensystem besteht im Wesentlichen aus:

- zwölf Hauptmeridianen,
- acht Wundermeridianen,
- sonstigen Nebenleitbahnen.

Die zwölf Hauptmeridiane

Die zwölf Hauptmeridiane sind den sechs Yin-Organen – Lunge, Milz, Herz, Niere, Perikard und Leber – sowie den sechs Yang-Organen – Dickdarm, Magen, Dünndarm, Blase, Dreifach-Erwärmer und Gallenblase – zugeordnet.

Das Yin-Organ Perikard ist im Deutschen als Herzbeutel bekannt. Der Herzbeutel wird in der westlichen Medizin nicht, wohl aber in der TCM als eigenständiges Organ gewertet. Er wird von den Chinesen auch „Helfer des Herzens" genannt. In der deutschen Literatur hat sich für den Herzbeutel auch die Bezeichnung „Kreislauf-Sexualität" eingebürgert, da der Kreislauf und die Sexualität des Menschen aus traditioneller chinesischer Sicht dem Herzbeutel zugeordnet werden; es scheint sich dabei aber um einen Übersetzungsfehler zu handeln.

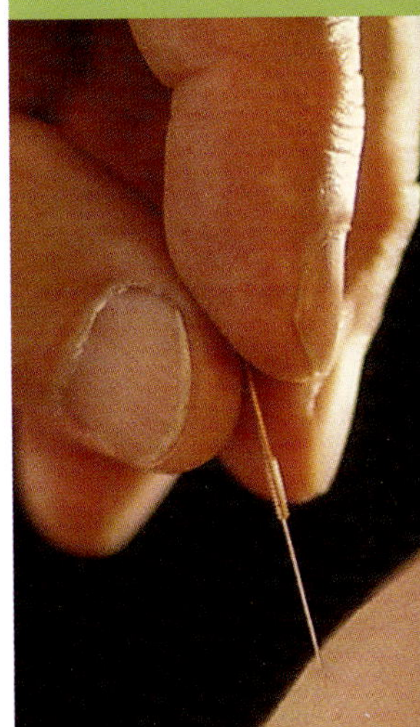

Der Dreifach-Erwärmer ist keinem speziellen Organ zugehörig und deshalb für das westliche Verständnis fremdartig. Er ist eines der sechs Yang-Organe und repräsentiert funktionell die drei Körperhöhlen Brustkorb, Bauchraum und Becken. Es handelt sich dabei sozusagen um ein virtuelles Organ, das zahlreiche Wirkbeziehungen aufweist.

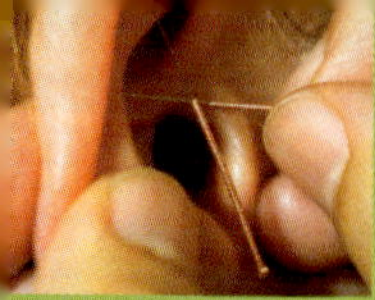

Jeder der zwölf Hauptmeridiane trägt den Namen des zugehörigen Organs. Der Grund dafür ist, dass eine energetische Wechselbeziehung zwischen dem Hauptmeridian und dem Organ in beide Richtungen besteht. Diese Verbundenheit stellt eine wesentliche Grundlage für die Akupunktur-Praxis dar. Wie alle Vorstellungen in der TCM unterwerfen sich auch die zwölf Hauptmeridiane dem grundsätzlichen Konzept von Yin und Yang. Jeweils zwei Hauptmeridiane bilden demzufolge ein Yin-Yang-Paar. Nach den Regeln der „chinesischen Organuhr" durchfließt die Lebensenergie Qi die zwölf Hauptmeridiane einmal innerhalb von 24 Stunden; vereinfacht gesprochen beträgt die Durchflusszeit pro Hauptmeridian also zwei Stunden. Demgegenüber durchkreist das Qi den Organismus innerhalb dieser 24 Stunden dreimal, weil immer vier Hauptmeridiane einen so genannten Umlauf bilden.

Je zwei Hauptmeridiane bilden ein Meridian-Paar im Bereich der oberen Körperhälfte, mit Energie-Umschlag an der Hand; je zwei Hauptmeridiane bilden ein Meridian-Paar an der unteren Körperhälfte, mit Energie-Umschlag am Fuß. Das bedeutet, an der Hand fließt das Qi vom Yin-Meridian zum Yang-Meridian und am Fuß umgekehrt vom Yang-Meridian zum Yin-Meridian, sodass das Qi von diesem in den jeweils nächsten Umlauf gelangen kann. Wichtig ist außerdem zu wissen, dass der Energiefluss in den Hauptmeridianen in beiden Körperhälften, also symmetrisch stattfindet.

Lungen-Meridian

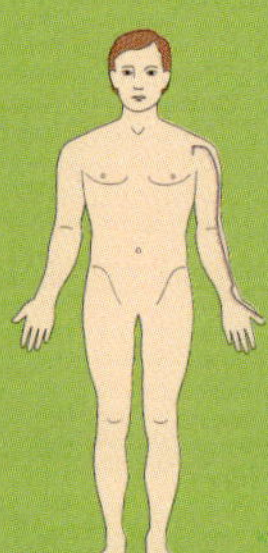

Der Lungen-Meridian beginnt am Brustkorb unterhalb des Schlüsselbeines und gelangt über die Schulter zum Arm; er verläuft an der Innenseite des Armes über den Oberarm, den Ellenbogen, den Unterarm und das Handgelenk; er endet am Daumen.

Der Lungen-Meridian hat 11 Punkte.

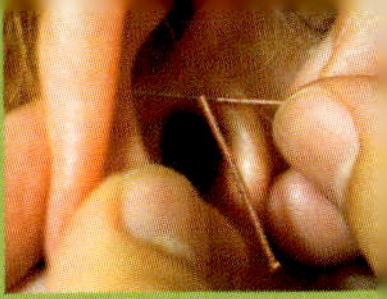

Dickdarm-Meridian

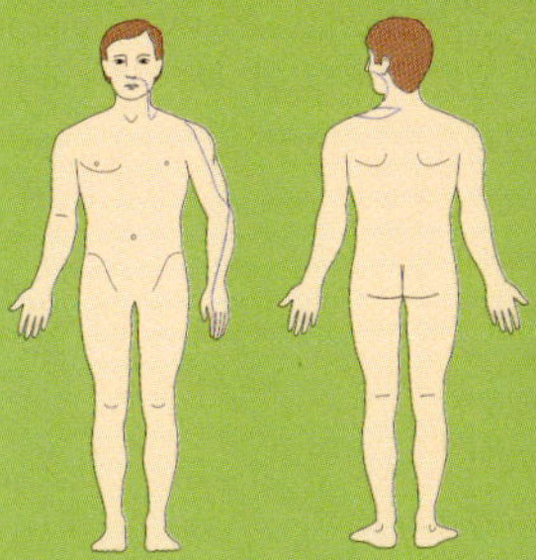

Der Dickdarm-Meridian beginnt am Zeigefinger und gelangt über die Handinnenkante zum Handgelenk; er verläuft an der Außenseite über den Unterarm, den Ellenbogen und den Oberarm; über die Schulter, den Hals und die Wange gelangt er zum Gesicht; als einziger der zwölf Hauptmeridiane kreuzt er zur Gegenseite, und zwar unterhalb der Nase; der Meridian endet neben dem Nasenflügel.

Der Dickdarm-Meridian hat 20 Punkte.

Magen-Meridian

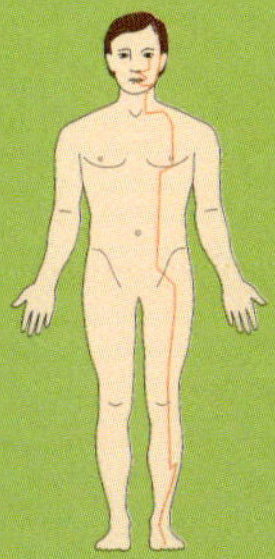

Der Magen-Meridian beginnt im Gesicht unter dem Auge; nach einem gabelförmigen Schlenker über das Gesicht verläuft er vorderseitig über den Hals zum Brustkorb und kreuzt die Brustwarze; er gelangt zum Bauch, verläuft dort parallel zum Nabel bis über die Leistenbeuge zum Bein; an der Vorderseite des Beines verläuft er über den Oberschenkel, das Knie, den Unterschenkel und das Sprunggelenk zum Fußrücken; der Meridian endet an der zweiten Zehe. Als einziger der sechs Hauptmeridiane mit Yang-Charakter verläuft er an der Vorderseite des Körpers.

Der Magen-Meridian hat 45 Punkte.

Milz-Pankreas-Meridian

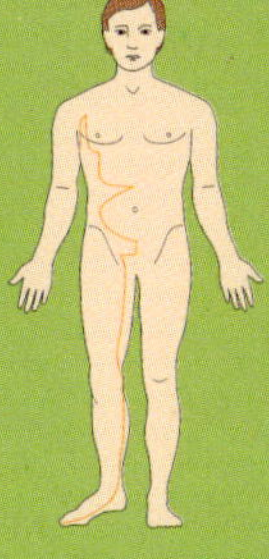

Der Milz-Pankreas-Meridian beginnt an der Großzehe; er verläuft an der Innenseite des Fußes zum Bein; an der Innenseite des Beines verläuft er über den Unterschenkel, das Knie und den Oberschenkel; über die Leiste ziehend gelangt er zum Bauch; der Meridian endet nach einem Schlenker seitlich am Brustkorb.

Der Milz-Pankreas-Meridian hat 21 Punkte.

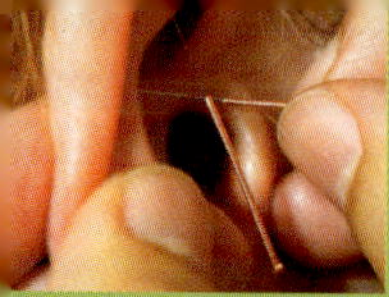

Herz-Meridian

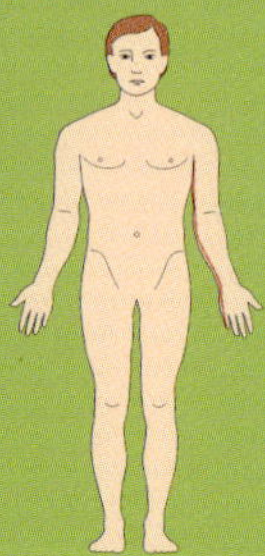

Der Herz-Meridian beginnt im Bereich des Brustkorbs, genauer gesagt in der Achselhöhle; er verläuft an der Innenseite des Armes über den Oberarm, den Unterarm, den Ellenbogen und das Handgelenk; nach Passieren der Handinnenfläche erreicht der Meridian den Kleinfinger und endet dort.

Der Herz-Meridian hat 9 Punkte.

Dünndarm-Meridian

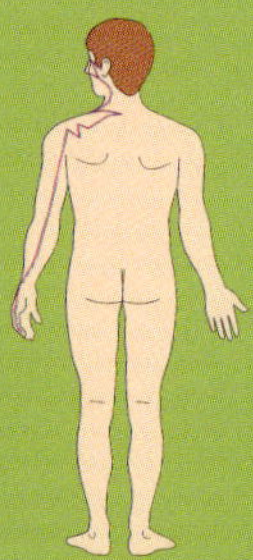

Der Dünndarm-Meridian beginnt am Kleinfinger; er verläuft über die Handkante und das Handgelenk zur Außenseite des Armes; am Arm verläuft er über den Unterarm, den Ellenbogen, den Oberarm bis zur Schulter; nach einer Zickzacklinie über das Schulterblatt verläuft er über den Hals und die Wange; der Meridian endet vor dem Ohr.

Der Dünndarm-Meridian hat 19 Punkte.

Blasen-Meridian

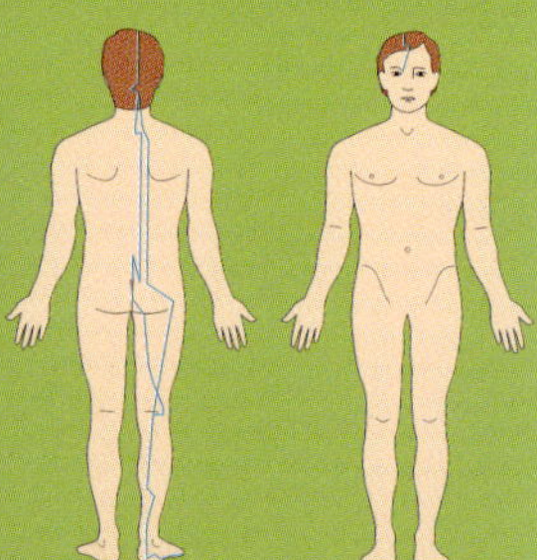

Der Blasen-Meridian beginnt im Gesicht am inneren Augenwinkel; er verläuft über die Stirn und den Schädel zum Nacken; dort teilt sich der Meridian in zwei Äste – den inneren und den äußeren Ast – auf, die beide parallel zur Wirbelsäule verlaufen; über das Gesäß ziehend erreichen sie die Rückseite des Beines; am Bein verlaufen die beiden Äste über den Oberschenkel zur Kniekehle, wo sie sich wieder verbinden; der Meridian verläuft weiter über den Unterschenkel, das Sprunggelenk zur Außenseite des Fußes und endet an der Kleinzehe.

Der Blasen-Meridian hat 67 Punkte.

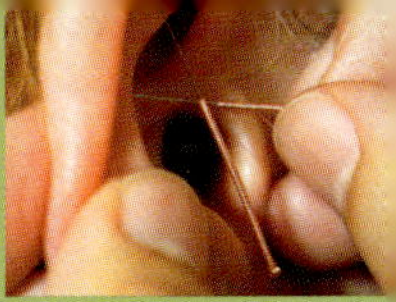

Nieren-Meridian

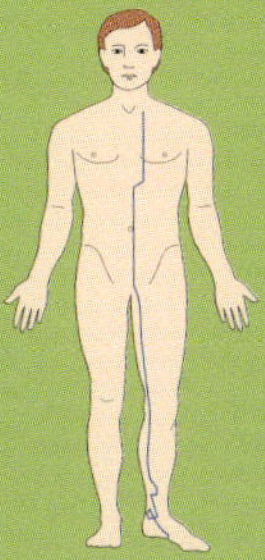

Der Nieren-Meridian beginnt an der Fußsohle; er läuft am Rist entlang, kreist um den Knöchel und erreicht über das Sprunggelenk das Bein; an der Innenseite des Beines verläuft er über den Unterschenkel, das Knie und den Oberschenkel; über die Leiste gelangt er zum Bauch und von dort zum Brustkorb, wo der Meridian unterhalb des Schlüsselbeines endet.

Der Nieren-Meridian hat 27 Punkte.

Perikard-Meridian

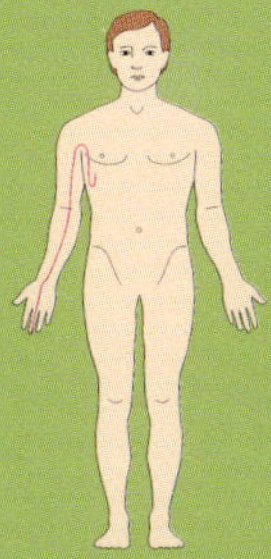

Der Perikard-Meridian beginnt am Brustkorb seitlich der Brustwarze; um die Achselhöhle kreisend gelangt er zum Arm; er verläuft an der Innenseite des Armes über den Oberarm, die Ellenbeuge, den Unterarm, das Handgelenk und die Handinnenfläche; der Meridian endet an der Spitze des Mittelfingers.

Der Perikard-Meridian hat 9 Punkte.

Dreifach-Erwärmer-Meridian

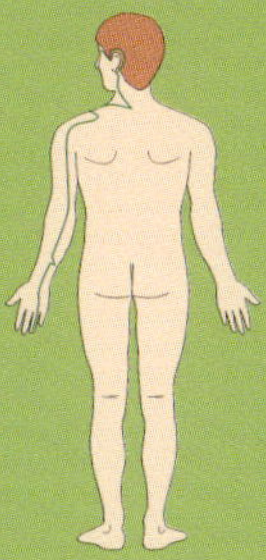

Der Dreifach-Erwärmer-Meridian beginnt am Ringfinger; er gelangt über den Handrücken und das Handgelenk zur Außenseite des Armes; am Arm verläuft er über den Unterarm, die Ellenbogenspitze und den Oberarm bis zur Schulter; der Meridian verläuft weiter über den seitlichen Hals zum Kopf, umkreist das Ohr nach vorne und endet seitlich der Augenbraue.

Der Dreifach-Erwärmer-Meridian hat 23 Punkte.

Gallenblasen-Meridian

Der Gallenblasen-Meridian beginnt am äußeren Augenwinkel; er gelangt vor das Ohr, zur Schläfe, zackt einmal um das Ohr, läuft zurück zur Stirn und dann noch einmal um das Ohr; er verläuft weiter über den Hals und die Schulter vorderseitig zum seitlichen

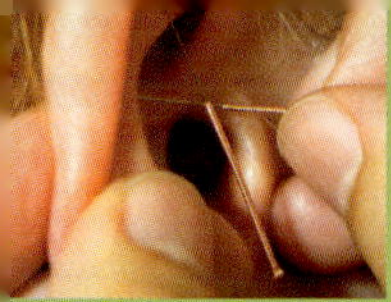

Brustkorb; von dort gelangt er über die Flanke und das Hüftgelenk zur Außenseite des Beines; am Bein verläuft der Meridian über den Oberschenkel, das Knie, den Unterschenkel und das Sprunggelenk zum Fußrücken; der Meridian endet an der vierten Zehe.

Der Gallenblasen-Meridian hat 44 Punkte.

Leber-Meridian

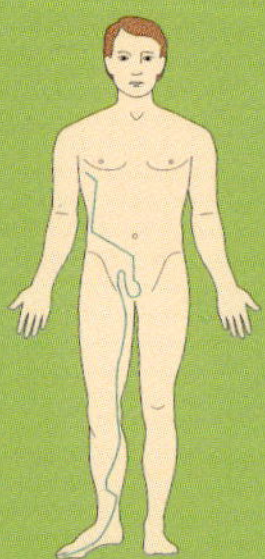

Der Leber-Meridian beginnt an der Großzehe; er gelangt über den Fußrücken und das Sprunggelenk zur Innenseite des Beines; er verläuft am Bein über den Unterschenkel, das Knie und den Oberschenkel; von dort zieht der Meridian über die Schambeinregion, passiert den Bauch und endet am Brustkorb unterhalb der Brustwarze.

Der Leber-Meridian hat 14 Punkte.

Die acht Wundermeridiane

Die acht Wundermeridiane werden auch „Außerordentliche Meridiane" genannt und verlaufen unpaarig. Sie bilden neben den zwölf Hauptmeridianen zusätzliche Energiebahnen, so genannte Nebenmeridiane. Sie haben die Aufgabe, die Gebiete zwischen den Hauptmeridianen miteinander zu verbinden und zu harmonisieren. Die Chinesen benutzen dafür folgendes Bild: „Die Hauptmeridiane sind die Flüsse, die Wundermeridiane die Seen". Von den acht Wundermeridianen sind zwei besonders wichtig: das Lenkergefäß und das Konzeptionsgefäß. Sie besitzen ebenso wie die zwölf Hauptmeridiane eigene Akupunkturpunkte.

Die restlichen sechs Wundermeridiane setzen sich aus Akupunkturpunkten beziehungsweise Teilstrecken der zwölf Hauptmeridiane zusammen.

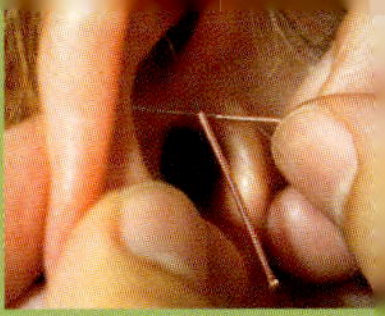

Jeder der acht Wundermeridiane ist mit einem Schlüsselpunkt verbunden, der auf einem der zwölf Hauptmeridiane liegt. Durch diese Steuerungsfunktion besitzen die acht entsprechenden Akupunkturpunkte zugleich das Prädikat „Meisterpunkt". Ein Meisterpunkt ist ein Akupunkturpunkt, der bei bestimmten Beschwerden regelhaft besonders wirksam ist.

Lenkergefäß

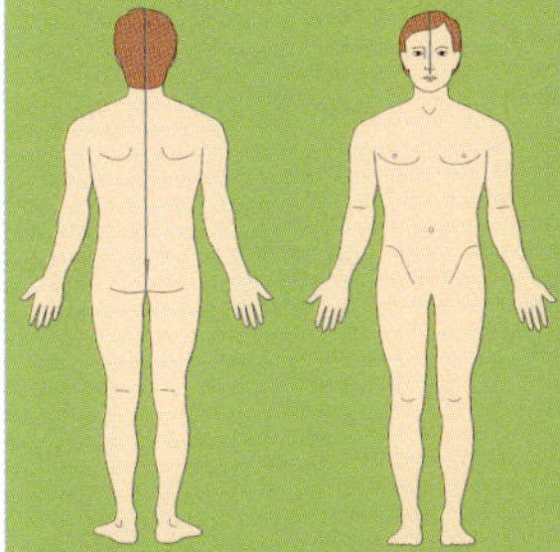

Das Lenkergefäß verläuft an der Rückseite des Körpers in der Mittellinie; es beginnt an der Steißbeinspitze und verläuft über die Lendenwirbelsäule, die Brustwirbelsäule, die Halswirbelsäule und den Kopf bis zum Gesicht; dort endet der Meridian im Zahnfleisch der Unterlippe. Weitere Bezeichnungen für das Lenkergefäß sind „Gouverneurgefäß" und „Gefäß des Herrschens". Der chinesische Name lautet „Du Mai". Das Lenkergefäß hat 28 Punkte.

Konzeptionsgefäß

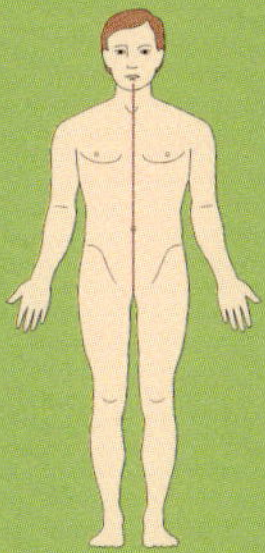

Das Konzeptionsgefäß verläuft an der Vorderseite des Körpers in der Mittellinie; es beginnt in der Mitte des Dammes und verläuft über den Unterleib, den Bauchraum, den Brustkorb und den Hals bis zum Gesicht; dort endet der Meridian an der Unterlippe. Eine weitere Bezeichnung für das Konzeptionsgefäß ist „Gefäß des Empfangens". Der chinesische Name lautet „Ren Mai". Das Konzeptionsgefäß hat 24 Punkte.

Extrapunkte

Extrapunkte sind Punkte, die nicht den regulären Akupunkturpunkten auf den Meridianen entsprechen und meist außerhalb der Meridiane lokalisiert sind. Seit 1991 existiert in China mit Übereinkunft der WHO (Weltgesundheitsorganisation) eine offizielle Einigung auf 48 Extrapunkte; es besteht allerdings eine uneinheitliche Nomenklatur mit verschiedenen Namen oder Nummern.

DIE HEILKRÄUTER IN DER TCM

In der Traditionellen Chinesischen Medizin spielt die Kräutermedizin als ältester Zweig dieser Wissenschaft eine äußerst wichtige, wenn nicht sogar die wichtigste Rolle. Nach einer Legende ist die Entdeckung der Kräutermedizin dem Kaiser Shen Nung vor 5000 Jahren zu verdanken. Im 16. Jahrhundert verfasste der Arzt und Naturforscher Li Shizhen seine berühmte Abhandlung über die Kräutermedizin, die aus 52 Schriftrollen besteht. In diesen Schriftrollen sind 1892 Arzneien und mehr als 10 000 Rezepturen aufgeführt.

Während in China medizinische Kräuter in jeder Apotheke verfügbar sind, ist die Beschaffung im Westen oft nicht ganz einfach.

Ihren Ursprung nahm die chinesische Kräutermedizin in den Bergen des alten China. Dort suchten die daoistischen Einsiedler nach dem geheimnisvollen Lebenselixier, das den Menschen Unsterblichkeit verleihen sollte. Erst im Laufe vieler Jahrhunderte fanden die Daoisten heraus, dass dieses Elixier real nicht existiert, sondern spirituell zu sehen ist und vom Menschen selbst kommen muss. Auf ihrer langen Suche entdeckten sie jedoch, dass manche Kräuter durchaus eine heilende Wirkung besitzen und in richtiger Dosierung und Mischung für den Menschen sehr nützlich sind. Damit entstand die Kräutermedizin sozusagen als „Abfallprodukt“ auf der Suche nach dem Elixier der Unsterblichkeit.

In der TCM steht nicht die Behandlung von Krankheiten im Mittelpunkt, sondern die Behandlung des Patienten mithilfe der Korrektur seines energetischen Ungleichgewichts. Alle in der TCM verwendeten Heilkräuter besitzen eine natürliche Affinität zu einem bestimmten Organ und den entsprechenden Energien. Dadurch können Heilkräuter die ideale Energiebalance wiederherstellen.

Heute kennt die TCM mehr als 2000 Heilpflanzen, doch nur rund 300 davon werden eingesetzt. Aus dieser reichhaltigen Naturapotheke wurden im Folgenden die Heilkräuter ausgewählt, die auch bei uns bekannt sind. Es wurden bewusst nur Kräutermischungen mit rein pflanzlichen Zutaten ausgewählt, die Sie über eine Apotheke beziehen können.

Seitdem die TCM auch im Westen ein anerkannter Zweig der Medizin ist, haben sich einige Apotheken auf die Bevorratung und Mischung von Kräutern spezialisiert.

Zubereitung der Kräuter

Die Kräuter werden in der TCM gekocht und als Abkochung oder als Tee über den Tag verteilt vor den Mahlzeiten getrunken. Die getrockneten pulverförmigen Arzneimittel sind dagegen nicht mehr abzukochen, da sie mit Wasser vermischt eingenommen werden. Im Folgenden stellen wir Ihnen die verschiedenen Arten der Zubereitung von Kräutern zu Heilzwecken vor. Die entsprechenden Mengenangaben finden Sie im Heilkräuterverzeichnis ab Seite 75.

Abkochung (Dekokt)

Bei der Abkochung handelt es sich um die älteste Art, medizinische Kräuter zuzubereiten. Bei einer Abkochung – im Chinesischen auch Brühe (Tang) genannt – gelangen alle für die Wirkung der Kräuter notwendigen Stoffe in den Sud. Auf diese Weise können sie vom Körper schnell aufgenommen werden.

Die älteste Art der Kräuterzubereitung ist die Abkochung.

Und so gehen Sie vor:

- ❑ Kräuter abwiegen
- ❑ in einen Glas- oder Keramik-Kochtopf geben (für die Zubereitung der Heilkräuter sollten Sie nie Metall verwenden!)
- ❑ 3 bis 4 Tassen Wasser dazugeben
- ❑ die Mischung zum Kochen bringen
- ❑ bei niedriger Temperatur und geschlossenem Deckel leicht köcheln lassen, bis die Flüssigkeit auf ungefähr ein Drittel oder die Hälfte verkocht ist
- ❑ die Flüssigkeit durch ein mit Musselin ausgelegtes Sieb abgießen
- ❑ die Flüssigkeit zur Seite stellen
- ❑ die Kräuter erneut mit 2 Tassen Wasser kochen, bis die Flüssigkeit wiederum auf ein Drittel oder die Hälfte eingekocht ist
- ❑ die Flüssigkeit wieder durch ein mit Musselin ausgelegtes Sieb abgießen und mit der ersten Portion vermischen
- ❑ die gesamte Flüssigkeit gleichmäßig in die entsprechenden Tagesdosen einteilen und warm – jedoch nicht in der Mikrowelle erhitzt – über den Tag verteilt trinken

Pulver

Die Kräuter können mit der elektrischen Kaffeemühle oder der Küchenmaschine auch zu einem feinen Pulver gemahlen werden. Im Gegensatz zu den Abkochungen sind die Kräuter in Pulverform nicht so schnell und auch nicht so intensiv wirksam, dafür hält der Effekt jedoch länger an. Am besten und auch am einfachsten ist es, das pulverisierte Kraut direkt mit dem Löffel einzunehmen und mit warmem Wasser oder auch warmem japanischem Reiswein (Sake) nachzuspülen.

Auch Kapseln, Pasten oder Pillen lassen sich aus Pulver herstellen, doch ist dies nicht einfach und sollte daher eigentlich dem Apotheker vorbehalten sein. Bitten Sie ihn, die Kräuter zu einem extrem feinen Pulver zu mahlen und in Gelatinekapseln der Größe 00 (entspricht ungefähr 1 g Substanz) zu füllen.

Sie können mit dem Pulver jedoch auch einen Abguss kochen. (Im Fachjargon sagt man Abguss, nicht Aufguss, da das Getränk durch das Sieben der Zutaten abgegossen wird.)

In China gehört die Herstellung von Pulvern zum normalen Alltag eines Apothekers.

So bereiten Sie einen Abguss (Infus, Cha) aus pulverisierten Kräutern zu:

- die entsprechende Menge des Pulvers in eine Tasse geben
- mit kochendem Wasser aufgießen
- 3 bis 5 Minuten ziehen lassen
- den Kräutertee über den Tag verteilt trinken

Paste

Die Herstellung von Pasten aus Pulver verläuft in folgenden Schritten:

- die pulverisierten Kräuter in eine große Schüssel geben
- so viel Honig darunter rühren, dass eine dicke Paste entsteht
- mehrmals täglich – nach Vorschrift – 1 Teelöffel davon zu sich nehmen und mit warmem Wasser nachspülen

Pasten und Salben lassen sich mit ausgewählten Kräutern aus der Apotheke ohne viel Aufwand auch selbst herstellen.

Salbe

Kräutersalben zur äußerlichen Anwendung bestehen aus einer Mischung aus feinem Kräuterpulver und einer Grundlage, die Bienenwachs, Lanolin oder Mandelöl enthält.

So gehen Sie vor:

- die ölige Grundlage vorsichtig erwärmen
- das Pulver hinzufügen
- gut verrühren
- die Salbe in einem luftdichten Behälter (nicht aus Metall) aufbewahren

Kräutertinkturen

Eine effektive Tinktur erhält man, wenn man die Kräuter mehrere Monate in hochprozentigem Alkohol (Wodka, Rum oder Weinbrand) einlegt. Wie bei der Abkochung gelangen die Inhaltsstoffe und die Energien der Kräuter mit einer Tinktur schnell in den Körper. Gerne werden Tinkturen mit tonisierenden, also anregend wirkenden Pflanzen verwendet.

So stellen Sie eine Tinktur her:

- die jeweils angegebene Menge der gehackten oder geschnittenen Kräuter in ein großes Gefäß (nicht aus Metall) geben
- mit 6 Liter hochprozentigem Alkohol übergießen
- das Gefäß luftdicht verschließen
- 3 Monate, wenn möglich länger, ziehen lassen, immer wieder schütteln
- dann die Hälfte der Flüssigkeit über einen Stofffilter in ein verschließbares Gefäß abgießen
- die Kräuter erneut mit 3 Litern hochprozentigem Alkohol übergießen und weitere 3 Monate ziehen lassen
- schließlich die Flüssigkeit abseihen; die verwendeten Kräuter werden nicht mehr gebraucht

Auf diese Weise erhalten Sie ungefähr neun Liter einer wirksamen Kräutertinktur, die Sie luftdicht verschlossen unbegrenzt aufbewahren können. Bei Bedarf können Sie die Tinktur mit Honig oder Rohzucker schmackhafter machen.

Eigenschaften der Kräuter

Alle chinesischen Arzneimittel, also auch die Heilkräuter, besitzen bestimmte Grundeigenschaften und ein spezielles Temperaturverhalten. So gibt es Heilpflanzen mit

- „heißen" Eigenschaften: Sie helfen bei Kälte und Schüttelfrost und besitzen einen hohen Wirkungsgrad.
- „warmen" Eigenschaften: Auch sie werden gegen Kälte und Schüttelfrost eingesetzt, verfügen jedoch nicht über einen so hohen Wirkungsgrad wie Kräuter mit „heißen" Eigenschaften. Sie stimulieren Körperfunktionen und wirken körperlicher Schwäche entgegen.
- „kalten" Eigenschaften: Mit ihnen behandelt man Krankheiten, die von Fieber oder Brennen begleitet werden.
- „kühlen" Eigenschaften: Sie wirken wie die Heilkräuter mit „kalten" Eigenschaften, doch besitzen sie einen weniger stark ausgeprägten Effekt. Diese Heilkräuter werden bei Fieber und Sommerhitze eingesetzt.

In China hat die Herstellung von naturheilkundlichen Arzneien längst industrielle Ausmaße angenommen.

Kräuter mit heißen oder wärmenden Eigenschaften sind Yang-Kräuter. Sie erwärmen den Organismus, stimulieren den Stoffwechsel und regen die Funktion lebenswichtiger Organe an. Kräuter mit kühlenden oder kalten Eigenschaften zählt man zu den Yin-Kräutern. Sie kühlen den Organismus, reduzieren den Energiefluss und damit den Stoffwechsel und wirken beruhigend auf die lebenswichtigen Organe.

VERZEICHNIS DER WICHTIGSTEN HEILKRÄUTER

Allium sativum

Deutscher Name: Knoblauch

Chinesischer Name: Da suan

Botanik: 15–30 cm hohe Pflanze mit zylindrischen Stängeln, unteres Ende von Blättern umgeben; lange, schmale Blätter und runde Knollen

Wirkungen: In der TCM vertreibt Knoblauch innere Kälte und innere Feuchtigkeit; er tötet Würmer und Parasiten im Darmtrakt und leitet sie heraus, tötet Bakterien und Pilze, stärkt den Magen, wirkt anregend und entschleimend, fördert die Verdauung, steigert die Sekretion in Magen, Darm und Bronchien, verhindert Tumorwachstum, senkt erhöhten Blutdruck.

Dosierung: innerlich: 3–5 frische Zehen pro Tag roh zu den Mahlzeiten; äußerlich: Püree aus frischen Knoblauchzehen auf Abszesse auftragen; Püree bei Fußpilz großzügig auf die befallenen Stellen auftragen, mit einem sauberen, trockenen Tuch umwickeln; Tuch nach 1–2 Stunden entfernen, überschüssigen Knoblauch mit einem trockenen Tuch (kein Wasser benutzen) abwischen

Anwendungsgebiete: in der TCM bei Symptomen innerer Kälte und innerer Feuchtigkeit; Tumoren und Schwellungen, Tuberkulose, Würmern, anderen Parasiten, Durchfall, Nasenbluten, bakteriellen Infektionen, Abszessen, hohen Cholesterinwerten,

Vorkommen: weltweit, Rezepte beziehen sich aber auf eine in China, Japan, Tibet, Nepal und im nördlichen Indien beheimatete Art

Verwendete Pflanzenteile: Knolle

Organbezug: Magen, Dickdarm

Energie: warm

Geschmack: scharf

Arteriosklerose, erhöhtem Blutdruck, Erkältungen, Grippe, Scheidenentzündung, Befall mit Candida und anderen Pilzen, Fußpilz
Unverträglichkeit mit: Honig

Aloe barbadensis

Vorkommen: Afrika, Indien, Karibische Inseln und Mittelmeerraum, auch in weiten Teilen Südostasiens
Verwendete Pflanzenteile: gepresster Saft aus frischen Blättern, der in unregelmäßig geformten Stücken von etwa 2 cm Dicke verkauft wird
Organbezug: Leber, Magen, Dickdarm
Energie: sehr kalt
Geschmack: sehr bitter

Deutscher Name: Aloe
Chinesischer Name: Lu hui

Botanik: die stammlose, saftige Pflanze wird mitunter bis zu 15 m hoch; die orange-braunen bis schwarzen Blätter werden bis zu 1 m lang, sie sind glatt oder stachelig; der Blattrand ist gezähnt.
Wirkungen: Nach der TCM beruhigt Aloe die Leber-Energie und mindert Fieber und Hitze; sie wirkt mild abführend, leitet aber auch die radikale Darmentleerung ein; stärkt die Magenfunktion; reguliert die Menstruation; wirkt keimtötend und kühlend; unterstützt die Blutdruckregulation, indem Ablagerungen aus Gefäßen beseitigt werden.
Anwendungsgebiete: In der TCM bekämpft man mit Aloe aufhebendes Leber-Feuer und zu viel Hitze im Dickdarm. Zur innerlichen Anwendung eignet sich der Aloesaft bei chronischer Verstopfung und damit zusammenhängenden Hautproblemen, bei Magenschleimhautentzündung, Magengeschwüren, Verdauungsstörungen, Bauchschmerzen und Sodbrennen; auch bei zu hohem oder zu niedrigem Blutdruck, ausbleibender Menstruation, Kopfschmerzen, Benommenheit und Beschwerden durch Leberentzündung sowie gegen Darmparasiten wird der Saft eingesetzt. Äußerlich angewendet hilft Aloe gegen vorzeitigen Haarausfall, Verbrennun-

gen, Sonnenbrand, Hautverletzungen, Insektenstichen und Frostbeulen ebenso wie gegen Fußpilz, Akne und Hämorrhoiden.

Dosierung: Der gepresste Saft sollte zur innerlichen Anwendung wie folgt mit Wasser gemischt werden; zur Magenstärkung: 0,1–0,2 g; als mildes Abführmittel: 0,3–0,6 g; zur radikalen Darmentleerung: 0,8–1,0 g. Zur äußerlichen Anwendung reiben Sie ein wenig frisch gepressten Saft unverdünnt direkt auf das betroffene Hautareal.

Nicht anwenden bei: Kindern, die zu Leere-Kälte-Symptomen neigen (sehr blass, zart, anfällig für Erkältungskrankheiten); Darmverschluss, Schwangerschaft und Stillzeit; Erwachsene sollten die oben angegebene Dosierung nicht überschreiten.

Alpinia oxyphylla

Deutscher Name: Kardamom

Chinesischer Name: Yi zhi ren

Botanik: stämmige, mehrjährige Pflanze, wird bis zu 2,50 m hoch; Blütenstiel kommt direkt aus der Wurzel; kleine Frucht, die als Kapsel am Stiel wächst, enthält den wertvollen Samen, der auch als Küchengewürz verwendet wird.

Wirkungen: Nach der TCM tonisiert Kardamom das Nieren-Yang, nährt Knochen und Sehnen, wärmt Nieren und Milz; es stärkt den Magen, löst Blähungen, wirkt zusammenziehend, kontrolliert übermäßigen Harndrang und hilft bei Verdauungsschwäche.

Vorkommen: Indien, Malaysia, Südchina

Verwendete Pflanzenteile: Samen

Organbezug: Milz, Nieren

Energie: warm

Geschmack: scharf

Anwendungsgebiete: In der TCM wird Kardamom bei Kalte-Milz- und Kalte-Nieren-Symptomen, Mangel an Nieren-Yang, Erbrechen und Durchfall durch innere Kälte, Inkontinenz, Durchfall, Bauchschmerzen, vorzeitiger Ejakulation, Impotenz und Erbrechen eingesetzt.
Dosierung: Abkochung aus 3–10 g, in zwei Dosen auf leeren Magen trinken
Nicht anwenden bei: Magengeschwüren

Anemarrhena asphodeloides

Vorkommen: in den Bergen nördlich von Peking und in den meisten nördlichen Provinzen Chinas
Verwendete Pflanzenteile: Wurzelstock, Stängel
Organbezug: Nieren, Lunge, Magen
Energie: kalt
Geschmack: bitter

Deutscher Name: Muttergedenken
Chinesischer Name: Jih mu
Botanik: Liliengewächs mit dickem Wurzelstock, der mit gelblichen oder rötlichen Haaren bedeckt ist. Die Blüten sind innen purpurartig und außen gelblich gefärbt, das Kraut schmeckt bitter, riecht aber angenehm.
Wirkungen: Nach der TCM nährt das Kraut das Nieren-Yin und beseitigt innere Hitze; es senkt Fieber, lindert Schleimhautentzündungen, weicht gereiztes Darmgewebe auf, wirkt harntreibend und abschwellend.
Anwendungsgebiete: nächtliche Samenergüsse, Nachtschweiß, Impotenz, Erektionsschwäche durch Nebennierenschwäche, Durchfall, Verstopfung, Durst, Schlaflosigkeit und Reizbarkeit durch zu viel innere Hitze, Lungenentzündung, Bronchitis
Dosierung: als Abkochung 6–12 g, in zwei Dosen auf leeren Magen trinken; als Pulver (pur, Kapseln oder Pillen) 5–10 g, in zwei Dosen auf leeren Magen mit warmem Wasser oder Wein trinken
Nicht anwenden bei: nach der TCM Leere-Kälte-Zuständen in Milz und Magen; bei wässrigem Durchfall
Besonderheiten: Chronische Anwendung kann zu Darmträgheit führen.
Unverträglichkeit mit: Eisenpräparaten, allen Gegenständen aus Eisen

Angelica atropurpurea

Deutscher Name: Dunkelpurpurrote Brustwurz
Chinesischer Name: Chiang huo
Botanik: Unterart der Spezies Angelica villosa (Haarige Brustwurz); die Farbe reicht von Dunkelpurpur bis Grün; Wurzeln bilden Keile aus sprödem, holzigem Gewebe, das mit roten Rindenfasern zwischen dem Inneren und der Oberhaut versehen ist.
Wirkungen: Nach der TCM lindert das Kraut die innere Hitze und fördert die Giftausscheidung über die Haut; fördert die Schweißbildung und die Entschlackung über die Haut, lindert Schmerzen und Entzündungen bei Rheuma.
Anwendungsgebiete: nach der TCM gegen innere feuchte Hitze; Benommenheit, blutunterlaufene Augen, Verlust der Sprache durch Schlaganfall, arthritische und rheumatische Schmerzen
Dosierung: Abkochung aus 3–6 g, in zwei Dosen auf leeren Magen trinken

Vorkommen: im Westen Chinas
Verwendete Pflanzenteile: Wurzel
Organbezug: Nieren, Blase
Energie: warm
Geschmack: scharf, bitter

Angelica sinensis

Deutscher Name: Chinesische Engelwurz (Angelika)
Chinesischer Name: Dang gui
Botanik: einjährige, duftende Pflanze mit braunen, fleischigen Wurzelstöcken, die sich stark verzweigen; hocharomatische Pflanze mit einem leicht bittersüßen Geschmack, der an Sellerie erinnert
Wirkungen: Nach der TCM tonisiert die Chinesische Engelwurz das Blut; sie stimuliert und reguliert die Menstruation, stärkt die Vitalfunktionen, lindert Schmerzen, wirkt beruhigend und appetitanregend, verbessert den Muskeltonus und stärkt das Immunsystem.
Anwendungsgebiete: Nach der TCM hilft die Chinesische Engelwurz bei leerem Blut; weitere Anwendungsgebiete sind eine unregelmäßige, zu schwache oder schmerzhafte Menstruation, prämenstruelles Syndrom (PMS), Kopfschmerzen, Schmerzen nach Verletzungen oder Operationen und Appetitlosigkeit.

Vorkommen: vor allem in Mittel- und Westchina, auch in Japan
Verwendete Pflanzenteile: Wurzeln
Organbezug: Leber, Milz
Energie: warm
Geschmack: bitter, süß, leicht scharf

Dosierung: bei schmerzhafter und/oder gestörter Menstruation Abkochung aus einer ganzen, ungeschnittenen Angelika-Wurzel auf 2 Tassen Wasser, die Flüssigkeit auf 1 Tasse einkochen lassen; jeweils die Hälfte morgens und abends vor dem Zubettgehen auf leeren Magen trinken

Nicht anwenden bei: Durchfall

Besonderheiten: Auch in der westlichen Naturheilkunde gilt Angelika als wirksames Kraut bei Frauenleiden wie Menstruationsstörungen, Blutungen während der Schwangerschaft etc. In neueren Studien fand man in der Pflanze östrogen-ähnliche Substanzen, so genannte Phyto-Östrogene. Sie sind verantwortlich für die menstruationsregulierenden Eigenschaften. Angelika gilt als eines der ausgewogensten Yin-Tonika und bildet so das Gegenstück zu Ginseng, dem perfekten Yang-Tonikum. Eine Kombination aus beiden Kräutern ergibt deshalb ein vollständiges und ausgewogenes Tonikum für Yin- und Yang-Energien.

Unverträglichkeit mit: frischem Ingwer, Kräutern aus der Acorus-Familie, Meeresalgen

Angelica villosa

Vorkommen: Szechuan und westliche Provinzen Chinas, Tibet

Verwendete Pflanzenteile: Wurzel

Organbezug: Nieren, Blase

Energie: leicht warm

Geschmack: scharf, bitter

Deutscher Name: Haarige Brustwurz

Chinesischer Name: Du huo

Botanik: doldentragende Pflanze mit 3-zähligen Blättern und dünnem Stängel; lange, längs und quer gestreifte Wurzeln

Wirkungen: lindert nach der TCM die innere Hitze; stimuliert die Schweißbildung und die Entschlackung über die Haut, lindert Schmerzen und Entzündungen bei Rheuma

Anwendungsgebiete: lindert nach der TCM durch Wind und Feuchtigkeit verursachte Beschwerden; Kopfschmerzen, Benommenheit, verschwommenes Sehen, Arthritis, Rheumatismus, taube

Extremitäten (verursacht durch Feuchtigkeit), Rücken- und Knieschmerzen
Dosierung: Abkochung aus 3–6 g, in zwei Dosen auf leeren Magen trinken

Chrysanthemum morifolium

Deutscher Name: Chrysantheme
Chinesischer Name: Ju hua
Botanik: mehrjährige Pflanze, selten höher als 50 cm, trägt im Spätherbst kleine Blütenköpfe mit rosa gestreiften, gelben Blütenblättern; blassgelbe, getrocknete Blüten mit bittersüßem Geschmack
Wirkungen: Nach der TCM beseitigt die Pflanze innere Hitze und nährt das Blut; sie senkt das Fieber, wirkt kühlend, senkt erhöhten Blutdruck, verbessert die Sehkraft.
Anwendungsgebiete: In der TCM wird sie gegen Wind und innere Hitze eingesetzt und heilt Kopfschmerzen, Schwindel, verschwommenes Sehen (durch Fehlfunktion von Nieren und Leber), erhöhten Blutdruck, taube Extremitäten.
Dosierung: für einen Abguss 8–10 g getrocknete Blüten in eine große Teekanne (nicht aus Metall!) geben, mit 1 Liter kochendem Wasser aufgießen, nach 15–30 Minuten abgießen, von dem warmen oder auch leicht gekühlten Tee während des Tages häufig trinken; die Blüten können bis zu 3-mal für einen Abguss verwendet werden. Für Chrysanthemenwein 20–30 g Blüten mit 1 Liter Reiswein (am besten japanischer Sake) oder 1 Liter trockenem Sherry aufgießen, 1–2 Wochen ziehen lassen; bei Verdauungs- und Kreislaufstörungen sowie nervösen Beschwerden 2- oder 3-mal täglich 25–30 ml auf nüchternen Magen trinken.

Vorkommen: wird für den medizinischen Gebrauch besonders in China und Japan gezüchtet
Verwendete Pflanzenteile: Blüte
Organbezug: Lunge, Leber
Energie: kühl
Geschmack: angenehm, aber bitter

Besonderheiten: Abgüsse aus Chrysanthemenblüten – sowohl innerlich als auch als Spülung – helfen sehr gut gegen geschwollene, entzündete und juckende Augen.

Vorkommen: südliches China, Vietnam, Laos und Sumatra
Verwendete Pflanzenteile: unbehandelte Rinde von großen, reifen Bäumen
Organbezug: Leber, Milz, Nieren
Energie: sehr heiß
Geschmack: scharf, süß

Cinnamomum cassia

Deutscher Name: Zimt
Chinesischer Name: Rou qui
Botanik: bis zu 10 m hoher Baum, wird vor allem wegen der rötlich braunen, sehr aromatischen Rinde angebaut, die man zu kleinen Röhren zusammenrollt. Das aromatische Öl enthält bis zu 80 % Zimtaldehyd.
Wirkungen: Nach der TCM tonisiert Zimt die Yang-Energie und wärmt; er stärkt den Magen, lindert Schmerzen, wirkt zusammenziehend, stimuliert die Schweißbildung und die Entschlackung über die Haut, verbessert die Sehfähigkeit und fördert die Durchblutung.
Anwendungsgebiete: In der TCM sind mangelndes Nieren- und Milz-Yang sowie innere Kälte im Bauch und Mangel an Blut und Energie die Indikationen für Zimt, der angewendet wird bei Appetitlosigkeit, Müdigkeit, Bauchschmerzen, Energiemangel nach langer Krankheit oder nach Operationen, bei gestörter oder schmerzhafter Regelblutung, roten, geschwollenen Augen und kalten Extremitäten.
Dosierung: Abkochung aus 2–5 g, in zwei Dosen auf leeren Magen trinken; zur Wirkungsverstärkung eventuell 2 g Süßholzwurzel und 3 Scheiben Ginseng zur Abkochung geben
Nicht zusammen verwenden mit: Zwiebeln und Kaolin
Besonderheiten: In der TCM stellt Zimt eine sehr gute Ergänzung für viele andere Kräuter dar, vor allem für Yang-Tonika. Er verstärkt die wärmenden und tonisierenden Eigenschaften von Kräutertinkturen und verbessert deren Geschmack. Zimt gilt in der chinesischen Kräuterheilkunde als eines der am stärksten wärmenden Mittel, er wärmt kalte Extremitäten und ebenso innere Organe.

Cuscuta japonica

Deutscher Name: Japanische Seide
Chinesischer Name: Tu si zi
Botanik: einjährige parasitäre Pflanze mit rötlich-braunem Stängel und wenigen Blättern; brauner Samen, fast geschmacks- und geruchlos, enthält das Glykosid Cuscutin
Wirkungen: In der TCM tonisiert Japanische Seide die Nieren- sowie Leber-Energie und nährt die Samenessenz; das nährende Tonikum verlangsamt den Alterungsprozess, verbessert die Sehfähigkeit, stärkt Harnwege, Knochen und Sehnen.
Anwendungsgebiete: In der TCM bei Mangel an Leber- und Nieren-Energie sowie Symptomen von leerer Kälte; Impotenz, vorzeitiger Samenerguss, nächtliche Samenergüsse, Inkontinenz, vorzeitige Alterung
Dosierung: Abkochung mit 7–12 g in zwei Dosen auf leeren Magen trinken
Nicht anwenden bei: wunden Stellen, Abszessen oder offenen, noch nicht ganz abgeheilten Wunden; das Kraut nicht länger als einen Monat verwenden, da sich sonst der Wundheilungsprozess verlangsamt.

Vorkommen: Japan, China
Verwendete Pflanzenteile: Samen
Organbezug: Nieren, Leber
Energie: neutral
Geschmack: süß, scharf

Cynomorium coccineum

Deutscher Name: Malteserschwamm
Chinesischer Name: Suo Yang
Botanik: Pflanze mit fleischiger, rötlich-brauner Wurzel voller Schuppen und Runzeln
Wirkungen: In der TCM tonisiert Malteserschwamm Nieren-Yin sowie Nieren-Yang und nährt das Mark; er dient als Aphrodisiakum, wirkt anregend, fördert die Samenproduktion und lindert Schleimhautentzündungen.
Anwendungsgebiete: in der TCM gegen Mangel an Nieren-Energie, bei Symptomen von innerer Trockenheit; Impotenz, nächtliche Samenergüsse, vorzeitige Ejakulation, Beschwerden in Kreuz und

Vorkommen: Mongolei, nördliches und westliches China
Verwendete Pflanzenteile: Wurzel, Stamm
Organbezug: Nieren, Dickdarm
Energie: warm
Geschmack: süß

Knien, trockene Haut, trockener Mund, Durst, Verstopfung durch Trockenheit in den Därmen

Dosierung: Abkochung mit 5–12 g, in zwei Dosen auf leeren Magen trinken

Foeniculum vulgare

Vorkommen: Mittlerer Osten, Nordafrika und südliches Europa
Verwendete Pflanzenteile: Früchte
Organbezug: Leber, Nieren, Milz, Magen
Energie: warm
Geschmack: scharf

Deutscher Name: Fenchel

Chinesischer Name: Hui xiang

Botanik: aromatische, mehrjährige 1–2 m hohe Pflanze mit zarten Blättchen und gelben Blüten; gräulich-brauner Samen, dessen Duft an Anis erinnert; 8 mm lange, gefurchte Spaltfrüchte

Wirkungen: In der TCM kräftigt Fenchel die Magen-Energie, wärmt die Nieren-Energie und wirkt energetisch ausgleichend; Fenchel regt an, lindert Husten, fördert das Abhusten von Schleim und fördert den Appetit.

Anwendungsgebiete: in der TCM bei Beschwerden durch Wind und innere Kälte, speziell im Magen; bei Verdauungsschwäche, Magenübersäuerung, Schmerzen und Kälte im Bauch, Übelkeit und Erbrechen durch Magenstörungen anzuwenden

Dosierung: Abkochung mit 3–5 g, in drei Dosen auf leeren Magen trinken; für das Pulver Fenchel in einer trockenen Pfanne rösten, bis er zu duften beginnt, dann in einem Mörser oder einer Küchenmaschine zu feinem Pulver mahlen; 1–5 g Pulver mit kochendem Wasser aufgießen und täglich trinken

Besonderheiten: Fenchel ist eines der besten Heilmittel bei körperlicher Schwäche und mangelnder Vitalität aufgrund von unzureichender oder kalter Magen-Energie, die verhindert, dass der Körper ausreichend Nährstoffe und Energie aus der Nahrung aufnimmt.

Gentiana scabra

Deutscher Name: Enzian
Chinesischer Name: Long dan
Botanik: mehrjährige Pflanze mit blauen, glockenförmigen Blüten und langen, schmalen Blättern; die Wurzeln enthalten die Bitterstoffe Gentiopicrin, Gentiamarin und Gentiin sowie das Trisaccharid Gentianose.
Wirkungen: In der TCM kühlt Enzian die Leber-Energie, beseitigt innere Hitze; er wirkt abschwellend, senkt das Fieber, stärkt den Magen, lindert Schmerzen und Entzündungen bei Rheuma.
Anwendungsgebiete: in der TCM bei Symptomen von heißer Feuchtigkeit; bei Gelbsucht, Durchfall aufgrund übermäßiger Hitze, Halsschmerzen, geschwollenen, schmerzenden Augen, rheumatischen Beschwerden, eiternden Abszessen durch Lebervergiftung, Diabetes, Entzündung der Gallenblase, Gallensteine
Dosierung: Abkochung mit 2–5 g in zwei Dosen nach den Mahlzeiten trinken; Pulver 2–3 g pur, als Kapseln oder Aufguss in zwei Dosen nach den Mahlzeiten einnehmen
Besonderheiten: Enzian wird sowohl in der östlichen als auch in der westlichen Medizin seit sehr langer Zeit als Bittertonikum verwendet. Er regt die Verdauung an und steigert die Durchblutung im Bauchraum. Enzian beruhigt die überaktiven Energien von Milz und Pankreas und kann so die Entwicklung von Diabetes hinauszögern. Außerdem verhindert er, dass bereits bestehender Diabetes weiter fortschreitet.

Vorkommen: China und Japan, ähnliche Arten auch in Europa
Verwendete Pflanzenteile: Wurzel
Organbezug: Leber, Gallenblase
Energie: sehr kalt
Geschmack: sehr bitter

Ginkgo biloba (Kerne)

Deutscher Name: Ginkgo-Kerne
Chinesischer Name: Bai guo
Botanik: bis zu 35 m hoher harziger Baum mit fächerartigen Blättern und grünlich-weißen Knospen, die während der Nacht auf-

Vorkommen: China, Japan, inzwischen auch in Europa und Nordamerika
Verwendete Pflanzenteile: Kerne
Organbezug: Herz, Nieren, Lunge
Energie: neutral
Geschmack: süß, bitter

blühen, aber sehr schnell abfallen; 1–2 cm lange Früchte mit glatter, harter, hellbrauner Schale

Anwendungsgebiete: Asthma, Tuberkulose, Husten, Blaseninfektionen, Gonorrhöe, häufiges, schmerzhaftes Wasserlassen, Alkoholvergiftung

Wirkungen: In der TCM regt Ginkgo die ererbte Energie an, nährt das Nieren-Yin, wärmt die Lungen-Energie; er wirkt zusammenziehend und beruhigend, lindert Husten, stärkt das Herz, regt die Verdauung an und dient als Gegengift bei Alkoholvergiftung.

Dosierung: Abkochung mit 5–15 g in zwei Dosen nach den Mahlzeiten trinken

Ginkgo biloba (Wurzel)

Verwendete Pflanzenteile: Wurzel
Organbezug: Nieren
Energie: neutral
Geschmack: süß

Deutscher Name: Ginkgo-Wurzel

Chinesischer Name: Bai guo

Botanik: siehe Ginkgo-Kerne

Anwendungsgebiete: nächtliche Samenergüsse, Menstruationsstörungen

Wirkungen: wirkt anregend und zusammenziehend

Dosierung: Abkochung mit 10–15 g in zwei Dosen auf leeren Magen trinken

Besonderheiten: Im Gegensatz zu den Kernen ist die Wurzel des Ginkgo-Baums nicht toxisch und kann folglich auch über längere Zeit ohne Bedenken angewendet werden.

Glycyrrhiza uralensis

Deutscher Name: Süßholz

Chinesischer Name: Gan cao

Botanik: mehrjährige Pflanze mit aufrechtem Stamm, schmalen, ovalen Blättern und traubenförmig angeordneten, purpurroten Blüten; Wurzel mit gräulich-brauner oder dunkelbrauner Außenseite und gelbem Inneren, schmeckt deutlich süßer als Zuckerrohr.

Wirkungen: In der TCM tonisiert Süßholz die Milz- und Magen-Energie, es unterdrückt das Herz-Feuer, vertreibt äußere Kälte; wirkt schleimlösend, lindert Entzündungen der Schleimhaut von Lunge und Bronchien, wirkt anregend, fiebersenkend, leicht abführend und beruhigend, lindert Husten, senkt erhöhten Cholesterin- und Blutzuckerspiegel, verhindert Tumorwachstum.

Anwendungsgebiete: Erkältung, Fieber, Halsschmerzen, Stauungen in Lunge und Bronchien, Magengeschwüre, Magenschleimhautentzündung, Magenübersäuerung, Diabetes, Gallenblasenentzündung, Gereiztheit, Alkohol- und Medikamentenvergiftung, Bauchschmerzen, Hepatitis, Leberzirrhose, Hautreizungen

Dosierung: Abkochung mit 2–8 g, in zwei Dosen auf leeren Magen trinken; Abguss: 8–10 g Süßholzwurzel mit 1 Liter kochendem Wasser aufgießen, nach 20 Minuten abseihen; mehrere Tassen des Tees über den Tag verteilt trinken; Wurzelscheiben: über den Tag verteilt 10–12 Scheiben getrocknete Süßholzwurzel kauen, den Saft schlucken und die Reste der Wurzel ausspucken; Hautwasser: bei Hautreizungen 1 Woche lang 3-mal täglich die Abkochung als Hautwasser verwenden, dabei den Sud 5 Minuten auf das betroffene Hautareal wirken lassen, dann mit klarem Wasser – ohne Seife – nachspülen

Vorkommen: nördliches China, Mongolei, Sibirien, Zentralasien

Verwendete Pflanzenteile: Wurzel

Organbezug: alle zwölf Organe

Energie: neutral

Geschmack: süß

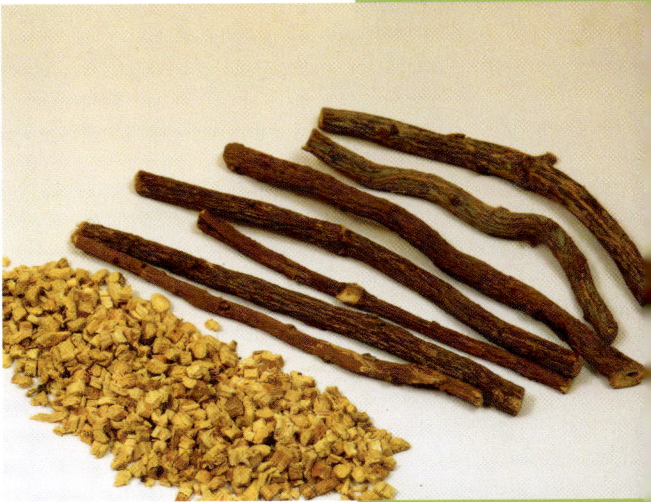

Mentha arvensis

Vorkommen: Minze wächst wild, wird in China, Südostasien, Indien und Europa aber auch angebaut
Verwendete Pflanzenteile: Blätter, zarte Zweige
Organbezug: Lunge, Leber
Energie: kühl
Geschmack: scharf

Deutscher Name: Minze
Chinesischer Name: Bo he
Botanik: mehrjährige, 10–60 cm große Pflanze mit aufrechten Stängeln, ovalen, am Rand gesägten Blättern und traubenförmig angeordneten rosafarbenen Blüten
Wirkungen: In der TCM beseitigt Minze innere Hitze, vertreibt Wind-Hitze; sie stärkt den Magen, löst Blähungen, fördert die Entschlackung über die Haut, wirkt schmerzlindernd, stärkt das Nervensystem.
Anwendungsgebiete: In der TCM hilft sie bei innerer Hitze; bei Kopfschmerzen, Husten, Halsschmerzen, Ohrenschmerzen, Menstruationsstörungen, Verdauungsstörungen und Blähungen.
Dosierung: Abkochung: mit 2–4 g, in einer Dosis auf leeren Magen trinken; Abguss: 1 g Pulver mit heißem Wasser übergießen, ziehen lassen und dann auf leeren Magen trinken, den Tee eventuell mit etwas Honig süßen; Salbe: etwas Minze-Pulver mit gelber Vaseline, Mandelöl, Lanolin oder einer anderen Fettbasis mischen; die kühlende und lindernde Salbe auf Kopf, Brust, Bauch oder anderen heißen, schmerzhaften, gestauten oder entzündeten Körperteilen auftragen

Nicht anwenden bei: starkem Frösteln, nervöser Erschöpfung

Nelumbium nucifera

Deutscher Name: Lotos-Samen
Chinesischer Name: Lian zi
Botanik: mehrjährige Wasserpflanze mit dicker, essbarer Wurzel, die viel Stärke enthält; große, runde Blätter und schöne Kronenblatt tragende Blüten in verschiedenen Schattierungen von Pink und Weiß

Wirkungen: In der TCM tonisieren Lotos-Samen die Herz- und die Milz-Energie und nähren die Samenessenz. Sie regen an, wirken blutstillend und stärken das Nervensystem.
Anwendungsgebiete: In der TCM werden Lotos-Samen bei Mangel an Herz- und Nieren-Energie angewendet; bei Impotenz, nächtlichen Samenergüssen, Menstruationsstörungen, bei Schlaflosigkeit, Geschlechtskrankheiten, Durchfall, Herzschwäche sowie Entzündung der Bauchspeicheldrüse.
Dosierung: Abkochung mit 6–12 g, in drei Dosen auf leeren Magen trinken; Pulver (pur, Kapseln, Pillen oder Paste): 4–8 g, in drei Dosen auf leeren Magen einnehmen
Nicht anwenden bei: Verstopfung, Verdauungsstörungen, Blähungen.

Vorkommen: tropische Regionen Asiens und Australiens
Verwendete Pflanzenteile: Samen
Organbezug: Milz, Nieren, Herz
Energie: neutral
Geschmack: süß

Panax ginseng

Deutscher Name: Ginseng
Chinesischer Name: Ren shen
Botanik: mehrjährige, 60–80 cm hohe Pflanze mit fleischiger, zweigeteilter Wurzel, einem geraden Stamm ohne Zweige und einer rosa Blüte. Es gibt weißen und roten Ginseng, wobei der rote Ginseng wirksamer ist.
Wirkungen: In der TCM tonisiert Ginseng die ererbte Energie sowie die Milz- und Lungen-Energie, er nährt die vitalen Flüssigkeiten; Ginseng wirkt anregend und stimulierend, fördert die Sekretion, verbessert die Immunreaktion sowie Gehirnfunktion und -durchblutung, reguliert den Blutdruck und den Blutzucker.

Vorkommen: Nordosten Chinas, Mandschurei, Korea, Sibirien
Verwendete Pflanzenteile: Wurzel
Organbezug: Milz, Lunge
Energie: warm
Geschmack: süß, leicht bitter

Anwendungsgebiete: in der TCM bei Mangel an Energie, leerer Lungen- oder Milz-Energie; bei nervöser Erschöpfung, Appetitlosigkeit, Nachtschweiß, kalten Extremitäten, zur Rekonvaleszenz, bei Verlust des Kurzzeitgedächtnisses, Impotenz, Schlaganfall, Diabetes, erhöhtem oder zu niedrigem Blutdruck, Blutarmut, Herzklopfen, Nebenniereninsuffizienz, Immunschwäche, Magenschleimhautentzündung, morgendlicher Übelkeit

Dosierung: Abkochung mit 5–10 g in einer Dosis morgens auf leeren Magen trinken (den Sud in einem Topf 30–60 Minuten kochen); für eine Tinktur 50–60 g hochwertigen Ginseng in 1 Liter Alkohol 2–4 Monate ziehen lassen, dann 25–30 ml 1- oder 2-mal täglich auf leeren Magen einnehmen

Nicht anwenden bei: Erkältungen, Pneumonie oder anderen Lungeninfektionen

Besonderheiten: Ginseng ist wohl die berühmteste Pflanze in der chinesischen Kräuterheilkunde. Ihr Ruf als Gesundheitstonikum hat auch die westliche Hemisphäre erreicht. Neueste Studien haben die erfolgreiche Anwendung in der TCM bestätigt und noch weitere wichtige medizinische Einsatzgebiete für Ginseng entdeckt.

Unverträglichkeit mit: Eisen oder anderen Metallbestandteilen und Küchengeräten aus Metall, Amethyst, Milchprodukten, Tee

Vorkommen: Indonesien, Insel Hainan im Süden Chinas
Verwendete Pflanzenteile: getrocknete unreife Frucht
Organbezug: Milz, Magen
Energie: heiß
Geschmack: scharf

Piper nigrum

Deutscher Name: Schwarzer Pfeffer

Chinesischer Name: Hu jiao

Botanik: holzige Kletterpflanze mit Luftwurzeln und krautartigen Zweigen; Früchte sind gräulich-schwarz gefärbt und hocharomatisch

Wirkungen: Nach der TCM verdrängt schwarzer Pfeffer Stauungen im Magen, die durch feuchte Kälte im Verdauungstrakt entstanden

sind; stärkt den Magen, löst Blähungen, stimuliert die Magenschleimhaut, wirkt als Gegenmittel gegen Fisch- und Fleischvergiftungen.

Anwendungsgebiete: nach der TCM gegen feuchte Kälte in Milz und Magen sowie Kälte in den Därmen; Verdauungsschwäche, Bauchschmerzen aufgrund von Verdauungsschwäche, wässriges Erbrechen, Lebensmittelvergiftung (Fisch und Fleisch), Fettsucht, verstopfte Nebenhöhlen

Dosierung: Abkochung aus 1,5–3 g, in zwei Dosen 30–40 Minuten nach dem Essen trinken

Nicht anwenden bei: Entzündungen im Verdauungstrakt

Besonderheiten: Um die kalte Yin-Energie auszugleichen, können Salate aus frischem rohem Gemüse großzügig mit schwarzem Pfeffer, dem heißen Yang-Kraut, gewürzt werden.

Rubus coreanus

Deutscher Name: Himbeere

Chinesischer Name: Fu pen zi

Botanik: mehrjährige Pflanze mit kleinen Stacheln, gesägten Blättern und kleinen roten Beeren

Wirkungen: In der TCM tonisiert die Himbeere Nieren- und Leber-Energie, stimuliert die Yang-Energie; sie wirkt anregend, zusammenziehend, fördert die Samenproduktion, verbessert die Sehfähigkeit.

Anwendungsgebiete: in der TCM bei Mangel an Nieren- und Leber-Energie; bei Impotenz, männlicher und weiblicher Unfruchtbarkeit, körperlicher Erschöpfung, Inkontinenz einschließlich Bettnässen bei Kindern

Dosierung: Abkochung mit 5–10 g, in zwei Dosen auf leeren Magen trinken; Tinktur: 50–60 g in 1 Liter Alkohol 1–2 Monate ziehen lassen, dann 2-mal täglich 25–30 ml auf leeren Magen trinken

Vorkommen: Mittel- und Westchina, Europa; eine verwandte Art wächst in Nordamerika

Verwendete Pflanzenteile: die unreifen Früchte

Organbezug: Nieren, Leber

Energie: leicht warm

Geschmack: süß, sauer

Saponaria vaccaria

Vorkommen: westliches Asien, südliches Europa, China
Verwendete Pflanzenteile: Samen
Organbezug: Leber, Magen
Energie: neutral
Geschmack: bitter, süß

Deutscher Name: Seifenkraut
Chinesischer Name: Wang bu liu xing
Botanik: einjährige, 30–60 cm hohe Pflanze mit aufrechtem Stängel, länglichen Blättern und glockenförmigen rosafarbenen Blüten; zylindrischer Kelch mit den Samenkapseln; runder, rötlich-brauner Samen, schmeckt bitter, enthält Saponin
Wirkungen: In der TCM stimuliert Seifenkraut die Meridiane (Akupressurpunkte); wirkt blutstillend, zusammenziehend, schmerzlindernd und milde abführend, fördert die Milchbildung, stimuliert und reguliert die Menstruation, erleichtert das Abhusten von Schleim.

Anwendungsgebiete: Schlaganfall, taube Extremitäten, blutende Wunden, Abszesse, chronischer Husten, mangelnde Laktation, Kopfschmerzen
Dosierung: pulverisiertes Kraut zur Blutstillung und Beschleunigung der Heilung direkt auf Wunden, Abszesse u. Ä. geben; innerlich als Abkochung mit 5–7 g, in zwei Dosen vor oder nach dem Essen trinken (Achtung: Das Kraut schmeckt bitter!)
Nicht anwenden bei: Schwangerschaft

Taraxacum officinale

Deutscher Name: Löwenzahn
Chinesischer Name: Pu gong ying
Botanik: mehrjährige Pflanze mit strahlend grünen, gezahnten Blättern und einzelner gelber Blüte; blüht von April bis November; aus Wurzel und Stamm kommt eine milchige Flüssigkeit.
Wirkungen: In der TCM beseitigt Löwenzahn innere Hitze; wirkt als Gegengift, steigert den Gallefluss, regt die Milchproduktion an, stärkt die Magenfunktionen, wirkt fiebersenkend und abschwellend, löst Blutgerinnsel auf, reinigt das Blut.
Anwendungsgebiete: in der TCM gegen innere Hitze; Nahrungsmittelvergiftung, schmerzende und/oder geschwollene Brüste, Brust-

tumoren, Stauung und Entzündung von Leber und Galle, Nieren- und Gallensteine, Tuberkulose, Blutgerinnsel in der Lunge, Schlangenbisse

Dosierung: bei Leber- und Gallenbeschwerden und der damit verbundenen Anspannung, Übelkeit und Reizbarkeit eine Abkochung mit 6–8 Pflanzen 10–14 Tage lang in zwei Dosen auf leeren Magen trinken; bei unzureichender Laktation Abkochung aus 10 Pflanzen in drei Dosen auf leeren Magen trinken; bei Brusttumoren und damit verbundenen Schmerzen und Schwellungen Abkochung aus 20 Pflanzen in drei Dosen auf leeren Magen trinken. Äußerlich kann der Saft der ganzen frischen Pflanze als Gegengift auf Schlangenbisse aufgetragen werden.

Besonderheiten: In der TCM hat der Löwenzahn aufgrund seiner abschwellenden, entstauenden und entgiftenden Wirkung als Heilmittel eine große Bedeutung in der Behandlung von Störungen der weiblichen Geschlechtsorgane, insbesondere der Brüste, sowie bei Leberbeschwerden. Außerdem eignet sich Löwenzahn sehr gut, um nach reichlichem Alkoholgenuss den „Kater“ am nächsten Morgen zu vertreiben.

Vorkommen: weltweit wild in den gemäßigten Zonen
Verwendete Pflanzenteile: ganze Pflanze
Organbezug: Leber, Magen
Energie: kalt
Geschmack: bitter, süß

Thuja orientalis

Deutscher Name: Lebensbaum
Chinesischer Name: Bo zi ren
Botanik: pyramidenförmiger Nadelbaum mit kleinen, schuppigen Blättern und nahrhaften Früchten
Wirkungen: In der TCM stärkt der Lebensbaum die Herz-Energie, unterstützt die Milz und nährt die Leber; er beruhigt, wirkt erweichend auf das Gewebe des Dickdarms und fördert die Samenproduktion.
Anwendungsgebiete: Schlaflosigkeit, Herzklopfen, Verstopfung, körperliche Schwäche, Fehlernährung, männliche Unfruchtbarkeit
Dosierung: Abkochung mit 5–10 g, in zwei Dosen auf leeren Magen trinken

Vorkommen: China, Japan, Indien
Verwendete Pflanzenteile: Samen
Organbezug: Herz, Milz, Leber
Energie: neutral
Geschmack: süß, scharf

Tussilago farfara

Vorkommen: nördliches China, Europa, Afrika, Sibirien, Nordamerika
Verwendete Pflanzenteile: Blüten und Knospen; Blätter
Organbezug: Lunge
Energie: warm
Geschmack: scharf

Deutscher Name: Huflattich
Chinesischer Name: Kuan dong hua
Botanik: mehrjährige Pflanze mit weichem, baumwollartigem Flaum auf Stamm und Blattunterseite; große gelbe Blüten und hufeisenförmige Blätter; Knospen enthalten Saponine, Inulin, Stearin und Choline und schmecken scharf
Wirkungen: In der TCM tonisiert Huflattich die Lungen-Energie; er lindert den Husten, fördert das Abhusten von Schleim, wirkt abschwellend, lindert Entzündungen der Lungenschleimhaut.
Anwendungsgebiete: In der TCM hilft Huflattich bei leerer Lungen-Energie; Husten, Raucherhusten, Asthma, Kurzatmigkeit durch Lungenstauung, auch bei akuten oder chronischen Lungen-Infektionen

Dosierung: Abkochung mit 5–12 g Blüten und Knospen oder 5–10 g Blättern, in zwei Dosen auf leeren Magen trinken; die Blätter-Abkochung wird hauptsächlich bei Lungenstauung mit Husten eingesetzt.
Besonderheiten: In China werden Blätter und Blüten fein gehackt und bei chronischem Husten geraucht. Bei stark verschleimten Lungen ersetzen Raucher den Zigarettentabak durch Huflattich.
Unverträglichkeit mit: Glaubersalz, Forsythie

Zanthoxylum piperitum

Verwendete Pflanzenteile: Früchte, Fruchtblätter, Samen
Organbezug: Nieren, Milz
Energie: heiß
Geschmack: scharf, bitter

Deutscher Name: Szechuan-Pfeffer
Chinesischer Name: Chuan jiao
Botanik: kleiner Laubbaum mit dunkelbrauner, dorniger Rinde, harten, glänzenden Blättern und scharf schmeckenden Früchten, die den schwarzen, glänzenden Samen enthalten
Wirkungen: Der Pfeffer vertreibt Feuchtigkeit und zerstreut Kälte; stärkt den Magen, wirkt wassertreibend, löst Blähungen, wärmt.
Anwendungsgebiete: Nahrungsstau im Verdauungstrakt; häufiges Wasserlassen; Blaseninfektion

Dosierung: Abkochung mit 2–5 g, in zwei Dosen vor oder nach einer Mahlzeit trinken
Nicht anwenden bei: Schwangerschaft

Zingiber officinale

Deutscher Name: Ingwer
Chinesischer Name: Gan jiang
Botanik: zuckerrohrähnliche, bis zu 1 m hohe Pflanze mit schmalen, spitz zulaufenden Blättern; Stängel im unteren Teil von Hüllen umgeben; frische Wurzelstöcke bilden unregelmäßige, fleischige, gelblich-braune Knollen
Wirkungen: In der TCM stimuliert Ingwer die Yang-Energie, wärmt die Lungen- und Magen-Energie; er stärkt den Magen, verhindert Erbrechen, fördert den Speichelfluss, stärkt das Herz, wirkt schleimlösend
Anwendungsgebiete: In der TCM hilft Ingwer bei kalter Milz-, Magen- und Lungen-Energie, bei Mangel an Yang-Energie, Leere von Blut-Energie; bei Übelkeit, Erbrechen, Reisekrankheit, Schmerzen und Kälte im Bauch, kalten Händen und Füßen, Husten mit Schleim, Magengeschwüren, Erkältung, erhöhten Cholesterinwerten, Bauchspeicheldrüsenentzündung
Dosierung: Abkochung mit 10 g in zwei Dosen auf leeren Magen trinken, zur Geschmacksverbesserung eignet sich brauner Rohzucker
Nicht anwenden bei: Schwangerschaft, hohem Fieber
Besonderheiten: In der TCM wird die frische Ingwerwurzel hauptsächlich gegen Fischvergiftung sowie Erkältungen von Lunge und Magen verwendet. Da Ingwer die Nährstoffaufnahme fördert, wird er häufig in unterschiedlichen Rezepturen eingesetzt, um die rasche Aufnahme anderer Kräuter zu erleichtern und deren Wirkung dadurch zu verstärken. Ingwer enthält das verdauungsfördernde Enzym Zingibain. Die verdauungsfördernde Wirkung dieses Stoffes ist stärker als die des Enzyms Papain.

Vorkommen: alle tropischen Zonen
Verwendete Pflanzenteile: getrockneter Wurzelstock
Organbezug: Magen, Milz, Herz, Lunge, Nieren
Energie: warm
Geschmack: scharf

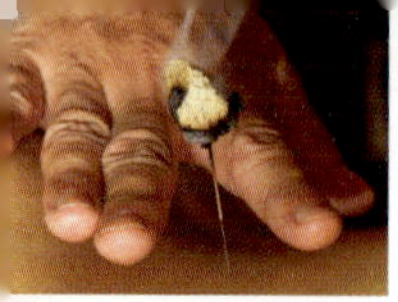

REGISTER

Bildnachweis

Archiv des Verlags: 52

dpa, Frankfurt/Main: 3, 4 (1.–4. v. o.), 5 (2.–5. v. o.), 6, 7, 8, 9, 10, 11, 13, 14, 15, 16, 18, 19, 21, 24, 27, 28, 34, 37, 38, 39, 40, 41, 42, 45 (o.), 46 (o.), 47 (2), 50, 55, 56, 57, 58, 59, 60, 68, 69, 70, 71, 72, 73, 74, 75, 76, 77, 80, 81, 82, 84, 85, 86, 87, 88, 89, 90, 91, 92, 93, 94, 95;

Kolumnenbilder 4–30, 50–96

Elisabeth Galas: Illustrationen Seiten 62–67

MEV, Augsburg: 4 (5. v. o.), 5 (1. v. o.), 12, 23 (2), 25, 30, 31 (5), 32 (5), 35, 36, 43, 45 (u.), 46 (u.), 48, 49, 61; Kolumnenbilder 31–49